FORSCHUNGSBERICHTE
DES WIRTSCHAFTS- UND VERKEHRSMINISTERIUMS
NORDRHEIN-WESTFALEN

Herausgegeben von Staatssekretär Prof. Leo Brandt

Nr. 225

Dr.-Ing. E. Barz
Verein zur Förderung von Forschungs- und Entwicklungsarbeiten
in der Werkzeugindustrie e.V., Remscheid

Der Spannungszustand von Gattersägeblättern

Als Manuskript gedruckt

Springer Fachmedien Wiesbaden

ISBN 978-3-663-19974-8   ISBN 978-3-663-20322-3 (eBook)
DOI 10.1007/978-3-663-20322-3

Gliederung

I. Vorwort .... S. 5

II. Herstellungs- und Gebrauchsfehler .... S. 6

III. Spannungszustand im Sägeblatt .... S. 9

    1. Fabrikatorische Einflüsse .... S. 9

    2. Prüfverfahren für den Spannungszustand .... S. 10

    3. Einfluß der Angelanfassung und der Zugspannung unter Berücksichtigung von Überhang, Verschleiß, Schnittkraft und Temperatur auf den Spannungszustand .... S. 21

IV. Vergleichsuntersuchungen .... S. 43

    1. Untersuchungen mit dem Tastdehnungsmesser .... S. 43

    2. Spannungsoptisches Verfahren .... S. 46

    3. Spannungen in den Nietlöchern .... S. 52

    4. Reißlackversuche .... S. 53

V. Beispiele aus der Praxis .... S. 55

VI. Verbesserungsmaßnahmen .... S. 57

    1. Verschleißabhängiges Nachstellen der Angeln .... S. 57

    2. Ausgleich der Blattdehnungen durch Temperaturerhöhungen .... S. 58

VII. Zusammenfassung .... S. 59

VIII. Literaturverzeichnis .... S. 62

Forschungsberichte des Wirtschafts- und Verkehrsministeriums Nordrhein-Westfalen

I. Vorwort

Mit dieser Arbeit wurde einem schon lange bestehenden Wunsch der sägenherstellenden Industrie, nicht zuletzt aber auch der holzverarbeitenden Industrie Rechnung getragen, indem bisher ungelöste Probleme systematisch erforscht und die vielfachen Widersprüche praktischer Erfahrungen zum größten Teil geklärt werden konnten.

Bisher war es nur möglich, gewisse Eigenschaften, z.B. die geometrische Form, mit entsprechenden Meßgeräten und Prüflehren sowie auch Werkstoffeigenschaften metallographisch festzustellen.

Bei der Beurteilung des Spannungszustandes war man auf gefühlsmäßige und somit entsprechend unsichere Methoden angewiesen; auch empirisch abgeleitete Folgerungen begründeten nicht völlig die in der Praxis auftretenden Schwierigkeiten.

Bemerkenswert ist in diesem Zusammenhang, daß in den nordischen Ländern die Gattersäge unter wesentlich härteren Bedingungen arbeitet als im Bundesgebiet.

In der vorliegenden Arbeit wurden einige wesentliche Probleme aus der Vielzahl der in der Praxis auftretenden erstmalig eingehend mathematisch und festigkeitsmäßig behandelt und entsprechende Rechnungsgrundlagen aufgestellt, wobei bisherige Ergebnisse anderer Forschungsstellen aus dem Schrifttum berücksichtigt wurden. In praktischen Versuchen wurde die Gültigkeit der aufgestellten Formeln bestätigt.

Bei Gattersägen sind Schnittleistung, Standzeit, Schnittverlust und Schnittgüte hauptsächlich von folgenden Einflußgrößen abhängig:

1. Werkstoffzusammensetzung
2. Wärmebehandlung
3. Blattspannung (Richt- und Spannungszustand)
4. Einspannkraft
5. Überhang
6. Schränkung, Schärfung
7. Blattdicke, -breite
8. Blatterwärmung beim Schneiden
9. Holzart, Feuchtigkeitsgehalt und Temperatur des Holzes

Im Rahmen dieser Untersuchung interessieren nur die bei der Herstellung und beim Gebrauch beeinflußbaren Eigenschaften des Gattersägeblattes, die durch die dabei auftretenden Fehler ungünstig verändert werden.

II. Herstellungs- und Gebrauchsfehler

Zum leichteren Verständnis der vorliegenden Arbeit sollen zunächst Betrachtungen über die bei der Herstellung und beim Gebrauch der Gattersägeblätter auftretenden Fehler angestellt werden.

In nachstehender Tabelle sind die wesentlichen Fehler, ihre Auswirkung, ihre Ermittlung und Beseitigung zusammengestellt. Die Ziffern beziehen sich auf das Herstellungsfehlerbild (Abb. 1).

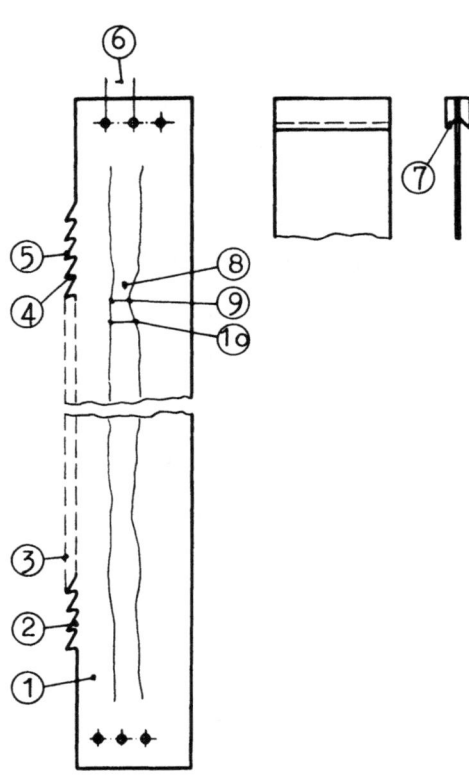

Abbildung 1
Herstellungsfehlerbild

Forschungsberichte des Wirtschafts- und Verkehrsministeriums Nordrhein-Westfalen

Herstellungsfehler

Fehlerart	Auswirkung	Prüfen	Beseitigung
1) ungleiche Blattdicke	erschwertes Richten und Spannen, erhöhte Nacharbeit	Schraublehre Uhrschnellmesser	Blatt planschleifen
2) Zahnformfehler	schlechtes Schneiden, ungünstige Spanabfuhr	Winkelmesser Keilwinkellehre	Fehler am Stanz- oder Fräswerkzeug beseitigen
3) ungleiche Zahnspitzen-Linie	ungleiche Beanspruchung und Abnutzung	Zahnspitzenprüfer	Nachschleifen auf der Schärfmaschine
4) Schärffehler	schlechter Schnitt	Schärflehre	Nachschärfen bzw. Schärfmaschine nachstellen
5) Schränkfehler, Stauchfehler	Verlaufen, erhöhter Schnittverlust u. Blatterwärmung	Schränklehre, Schränkuhr	Nachschränken
6) bei Nietangel: Maßtoleranz für Lochabstand und Paßtoleranz zwischen Bohrung im Blatt und Angelbolzen überschritten	erhöhter Lochleibungsdruck, Ausreißen der Angel, Abscheren der Niete oder des Bolzens	Lehre	Angel mit Ausgleich
7) bei Kastenangel: Punktweise od. einseitige Berührung der tragenden Fläche	ungleiche Belastung der Angelleisten, schiefer Zug im Sägeblatt	Lehre	Nacharbeiten, Angel mit Ausgleich

Spannungsfehler

Fehlerart	Auswirkung	Prüfen	Beseitigung
8) Lage der Spannungszone zur Blattmittellinie falsch	Flattern	Durchbiegen unter Richtlineal	Nachspannen
9) Breite der Spannungszone ungleich	schlechter Schnitt	nach der Schwingmethode	Nachspannen
10) Nichtparalleles Verlaufen der Spannungszone zur Blattmittellinie	Schnittverlust	Spannungsprüfgerät	Nachspannen

Forschungsberichte des Wirtschafts- und Verkehrsministeriums Nordrhein-Westfalen

Gebrauchsfehler

Fehlerart	Auswirkung	Prüfen	Beseitigung
Blatt hängt nicht parallel zur Rahmenführung (schief)	Klemmen, erhöhte Reibung, Bruch	Meßuhr	Lehre nachstellen
Überhang entspricht nicht dem Vorschub	ungleiche Beanspruchung des Sägeblattes, Standzeitverringerung	Meßuhr	Nachstellen (falls möglich, z.B. bei Kastenangeln oder Nietangeln mit Stelleinrichtung)
Zugspannung zu groß zu klein	Reißen Flattern	Gefühlsprobe am eingespannten Sägeblatt Prüfgerät	Spannung korrigieren od. Ausgleichkeilangel bzw. Federangel verwenden, hydraulischer Spanner
Fehler durch Nachschärfen u. Nachspannen	siehe 2) 3) 4) 5) 8) 9) 1o)		

Von den aufgeführten Fehlern sind die Richt- und Spannungsfehler, ferner die Zugspannung und das Abweichen der Parallelität des Sägeblattes zur Gatterrahmenführung sowie der falsche Überhang von entscheidender Bedeutung für das Arbeitsverhalten (Schnittverlust, Schnittgüte, Standzeit). Ihre Feststellung konnte bisher nur nach Gefühlsmethoden erfolgen, die, wie nachstehend ausgeführt, vorteilhafter durch neue einfache Prüfgeräte mit größerer Meßsicherheit ersetzt werden sollten.

Definition

Zum leichteren Verständnis der Arbeit sollen die noch nicht überall eingeführten Begriffe der Blatt- und Zugspannung klar umrissen werden. Als Blattspannung (auch Eigenspannung genannt) soll die innere, durch Materialverdichtung in der Mittelzone hineingearbeitete Spannung bezeichnet werden, im Gegensatz zu der äußeren, über die Angelanfassung ausgeübte Zugspannung. Beide Arten der Spannung, zwischen denen ein Zusammenhang besteht, beeinflussen in erheblichem Maße den Schnittvorgang. Die Blattspannung soll bewirken, daß sich die Zugspannung in der Mittelzone vermindert und dadurch die Zahnzone zur Verhinderung des Verlaufens stärker gespannt wird.

Die Zugspannung darf einerseits eine mit den Abmessungen des Sägeblattes in Zusammenhang stehende Mindestgröße nicht unterschreiten, damit das

Sägeblatt straff gespannt ist und einwandfrei, d.h. sauber und ohne zu verlaufen, schneidet. Andererseits soll sie nicht zu groß werden, damit nicht die Zahnzone des Sägeblattes und der Gatterrahmen unnötig stark beansprucht werden und letzterer nicht zu schwer wird. Zwischen diesen beiden entgegengesetzten Forderungen gibt es die günstigste Größe der Zugspannung, die sich nach den Blattabmessungen, der Holzart, dem Vorschub usw. richtet. Die Auffassungen über die Größe der Zugspannung weichen in der Praxis stark voneinander ab. Bemerkenswert ist, daß man in den nordischen Ländern größere Zugspannung als im Bundesgebiet verwendet.

Zur Klärung dieser Fragen wurden farbrikatorische, technologische, und betriebsmäßige Untersuchungen bei den gebräuchlichsten Gattersägeblättern mit geschränkten Zähnen durchgeführt. Auf Sonderausführungen, z.B. mit Aussparungen in der Mittelzone und auf gestauchte Zahnformen wird nicht eingegangen.

III. Spannungszustand im Sägeblatt

1. Fabrikatorische Einflüsse

Beim <u>Zuschneiden</u> der Sägebleche aus Blechtafeln oder Bändern ist darauf zu achten, daß unbedingt scharfe Messer verwendet werden. Andernfalls können Haarrisse entstehen, die sich insbesondere beim Härten erweitern und zur Zerstörung des Sägeblattes führen können.

Die <u>Wärmebehandlung</u> (Härten und Anlassen) ist für die Güte des Sägeblattes von entscheidender Bedeutung. Im Rahmen dieser Untersuchung würde es zu weit führen, auf die Einflüsse der Wärmebehandlung einzugehen. Es wird richtige Wärmebehandlung vorausgesetzt, die erforderlich ist, um bei dem betreffenden Werkstoff die gewünschte Härte und deren Gleichmäßigkeit über das ganze Sägeblatt zu erzielen. Sie soll so hoch sein, daß eine Schränkung noch ohne Ausbrechen der Zähne möglich ist. Die Erfahrungswerte liegen zwischen 46 und 52 HRc. Höhere Werte sind nicht üblich; sie liegen bei **gestauchten** Zähnen etwas niedriger.

Das <u>Zahnen</u> (Stanzen oder Fräsen) erfolgt entweder vor oder nach dem Härten. Der Vorteil des Zahnens vor dem Härten liegt in der längeren Standzeit des Schnittwerkzeuges, der Nachteil in der größeren Entkohlung der Zahnspitzen, die einige Zehntel Millimeter betragen kann. Dieser Nachteil, der durch das Schärfen und Nachschärfen allmählich behoben wird, wirkt sich nur im Anlieferungszustand aus.

Abbildung 2

Spannungswalzmaschine (Werkaufnahme Fa. Hugo Hilverkus, Berg.-Born)

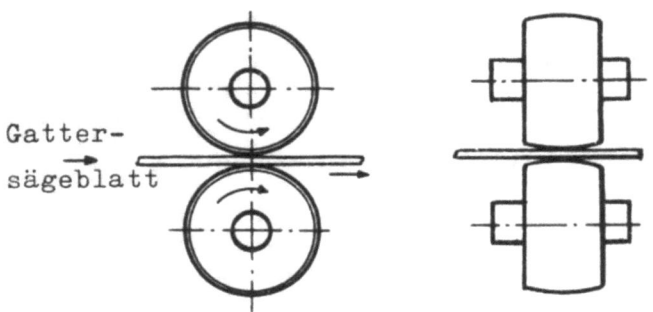

Abbildung 3

Prinzip des Spannungswalzens

Nach dem Härten, Anlassen und Zahnen, werden die Sägeblätter gerichtet und gespannt. Unter Richten versteht man die Beseitigung der bei den voraufgegangenen Arbeitsgängen entstandenen Unebenheiten durch Hammerschläge auf dem Richtamboß.

Das Spannen, d.h. eine Streckung der Mittelzone des Sägeblattes gegenüber der Zahn- und Randzone, erfolgte durch Hämmern mit dem Richthammer oder auf einer Spannungs-Walzmaschine (Abb. 2). Das Walzprinzip ist in Abbildung 3 dargestellt.

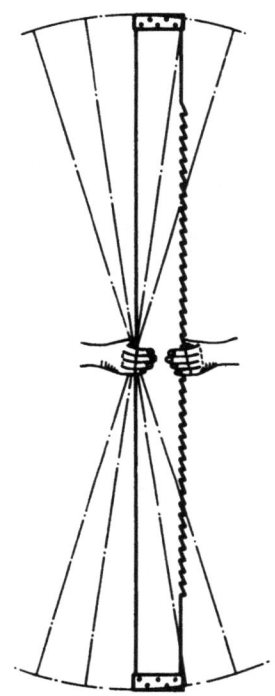

A b b i l d u n g   4
Spannungsprüfung nach der Schwingmethode
(Zeichnung: M. Dominicus, Remscheid)
Zur besseren Darstellung sind die Ausschwingungen des Sägeblattes seitlich eingezeichnet, die Köpfe schwingen natürlich von vorn nach hinten

Durch das Richten und Spannen wird das Material an den betreffenden Schlag- oder Druckstellen verdichtet, d.h. das Gefüge wird gegenüber den anderen Stellen verändert. Es entsteht somit je nach der Ebenheit des Sägeblattes nach dem Anlassen ein mehr oder weniger ungleichmäßiges Gefüge.

Daher ist es nicht nur allein für den Arbeitsaufwand zur Erzielung eines ebenen Blattes zweckmäßig, schon beim Härten und Anlassen alle Maßnahmen zu treffen, um ein ebenes Blatt zu erhalten, sondern auch um einen über die Länge des Blattes gleichmäßigen Spannungszustand zu erreichen.

2. Prüfverfahren für den Spannungszustand

Bisher erfolgt die Prüfung des Spannungszustandes nach Gefühlsmethoden. Die eine Prüfung besteht darin, daß man das Gattersägeblatt in der Mitte mit beiden Händen anfaßt und die Blattenden durch Hin- und Herbewegung beider Hänge in Schwingungen versetzt (Abb. 4). Es bedarf einiger Erfahrung, aus dem Widerstand, den das Blatt den Bewegungen entgegensetzt, die Spannung richtig zu beurteilen.

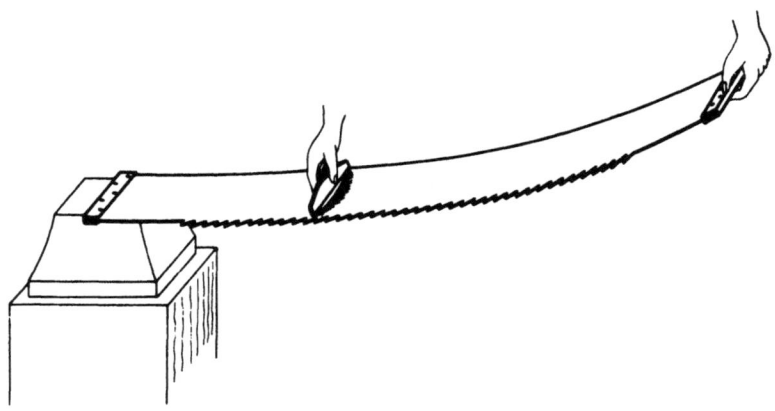

Abbildung 5
Spannungsprüfung mit dem Richtlineal
(Zeichnung: M. Dominicus)

Die zweite Art der Prüfung, die sogenannte Lichtspaltmethode, ist in Abbildung 5 dargestellt.

Über die praktische Ausführung dieser Prüfung hat M. DOMINICUS Angaben gemacht. Das Sägeblatt wird mit einem Ende aufgelegt und das andere Ende ca. 25 cm angehoben (Abb. 5), während die Mitte mit dem Richtlineal heruntergedrückt wird. Dabei entsteht zwischen Sägeblatt und Richtlineal ein segmentförmiger Lichtspalt, der in der Mitte 1 mm betragen soll.

Der Radius r des Kreisbogens ergibt sich in Abhängigkeit von der Sägeblattbreite b aus folgender Tabelle

b:	80 mm	100 mm	120 mm
r:	800 mm	1250 mm	1800 mm

An Stelle der Abschätzung des Lichtspaltes könnte man Spannungslehren verwenden, das sind Schablonen mit einer dem Lichtspalt entsprechenden Krümmung für die verschiedenen Sägeblätter. Für die Praxis genügt es aber, nur eine Lehre zu verwenden mit einem mittleren Radius von 1250 mm.

Aus der Durchbiegung lassen sich die Streckung der Mittelzone (Spannungszone) und die Blattspannung berechnen. Für die obigen Werte beträgt der Radius der längs durchgebogenen Rücken- und Zahnzone etwa 3 m und der der Mittelzone somit 3,001 m, der zugehörige Zentriwinkel etwa 30 Grad. Daraus kann nun die Streckung der Mittelzone berechnet werden (Abb. 6).

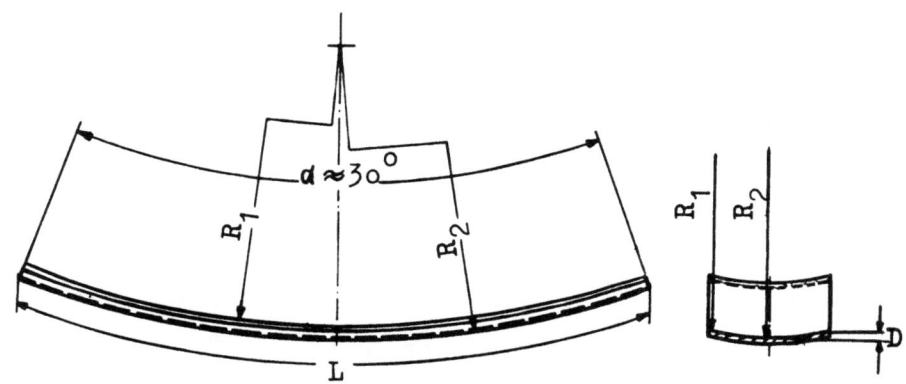

Abbildung 6
Durchbiegung und Biegeradien

Die Bogenlänge L ergibt sich aus der Formel

$$L = \frac{R \cdot \pi \cdot \alpha}{180}$$

für die Mittelzone

$$L_1 = \frac{R_1 \cdot \pi \cdot \alpha}{180}$$

und für die Randzone

$$L_2 = \frac{R_2 \cdot \pi \cdot \alpha}{180}$$

Da die Radien R_1 und R_2 sich nur um 1 mm unterscheiden, also um weniger als 0,03 %, kann

$$\alpha_1 = \alpha_2 = \alpha$$

in die Gleichungen eingesetzt werden.

Die Streckung ΔL der Mittelzone ergibt sich zu

(1) $$\Delta L = L_1 - L_2 = (R_1 - R_2) \cdot \frac{\pi \cdot \alpha}{180} = \Delta R \cdot \frac{L}{R}$$

Für $R_1 - R_2 = 1\,mm$; $\alpha = 30°$ und eine Blattlänge von 1600 mm wird

$$\Delta L = \frac{30 \cdot \pi}{180} = 0,525 \text{ mm}$$

Die durch innere Spannung hervorgerufene meßbare Streckung L ist jedoch noch von dem Querschnitt des Blattes abhängig. Daher wird in die nachstehenden Gleichungen nicht ΔL, sondern $\Delta L' = k \cdot L$ eingesetzt. Der Faktor k, der etwa zwischen 1,5 und 3,0 liegt, muß durch Reihenuntersuchungen zu der Blattbreite und -stärke usw. noch in Beziehung gebracht werden.

Diese Streckung tritt bei einem geraden Blatt nach außen nicht in Erscheinung, d.h. sie ist nicht mit den gebräuchlichen Werkstattmeßgeräten meßbar, sondern wirkt sich erst bei Aufbringung der Zugspannung oder bei Erwärmung des Blattes bzw. bei einer Biegung in der Weise aus, daß die Randzonen durch die Zugspannung mehr gespannt werden als die Mittelzone, wodurch das Sägeblatt im eingespannten Zustand, also beim Schneiden, eine größere Steifigkeit erlangt. Dadurch werden auch beim Schneiden durch Temperaturerhöhung hervorgerufene Spannungen zum Teil ausgeglichen.

Da die Streckung der Mittelzone nicht in Erscheinung tritt, muß sie eine innere Spannung hervorrufen.

Es ist die Längsdehnung

$$\varepsilon = \frac{\Delta L'}{L} = k \cdot \frac{\Delta L}{L}$$

und ferner nach dem Hookeschen Proportionalitätsgesetz

$$(2) \qquad \sigma = E \cdot \varepsilon = E \cdot k \cdot \frac{\Delta L}{L}$$

Nach Hütte I ist E nahezu unabhängig von der Wärmebehandlung und der Kaltverformung. Somit kann der gleiche Elastizitätsmodul E für die Randzone und die gestreckte Mittelzone angenommen werden.

Für $E = 20\,100$ kg/mm^2; $\Delta L' = 0,5$ mm; $L = 1600$ mm wird

$$\sigma = \frac{0,5}{1600} \cdot 20100 = 6,3 \text{ kg/mm}^2$$

Bei 3 t Zugkraft an der Angel und einem Blattquerschnitt von 300 mm^2 ergibt sich eine Spannung von

$$\sigma_z = \frac{3000}{300} = 10 \text{ kg/mm}^2$$

Der Spannungsverlauf ist von THUNELL und HILTSCHER[14] untersucht worden und hat nach seiner Annahme die Verteilung gemäß Abbildung 7a. Die Zugspannung allein würde bei gleichmäßiger Verteilung über den ganzen Blattquerschnitt der schraffierten Fläche (Abb. 7b) entsprechen. Im Arbeitszustand überlagert sich die aus der inneren Streckung hervorgerufene Spannung mit der Zugspannung zur Kurve Abbildung 7c.

Hinzu kommen ferner die Spannungen durch Schnittkräfte, Wärmespannungen usw., auf die in einem gesonderten Abschnitt eingegangen wird.

Da die innere Blattspannung, wie bei obigem Zahlenbeispiel, in der Größen-

Forschungsberichte des Wirtschafts- und Verkehrsministeriums Nordrhein-Westfalen

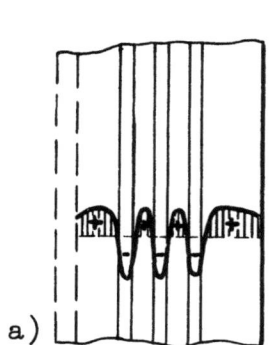 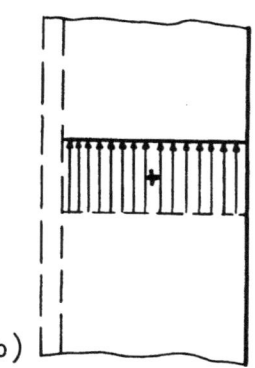 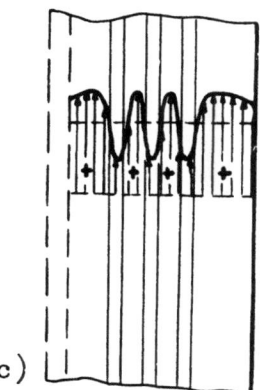

Abbildung 7a - c
Verteilung der Blattspannungen (nach B. THUNELL)

ordnung der Zugspannung, liegen kann, ist ihre genaue Kenntnis für das Arbeitsverhalten von großer Bedeutung. Wegen der verhältnismäßig großen Streuungen der in der Praxis bisher angewandten subjektiven Prüfungen des Spannungszustandes wurde ein objektives Prüfverfahren entwickelt[2]. Dabei wurden die bisherigen Meßunsicherheiten wesentlich verringert.

Meßprinzip

Entsprechend dem Prüfverfahren für Kreissägen[2] ist der Spannungszustand als Unterschied der sich bei Biegebeanspruchung des Sägeblattes ergebenden Durchbiegung gegenüber dem ebenen Blatt definiert. Da die Sägeblätter je nach der Güte des Richtzustandes mehr oder weniger uneben sind, muß zunächst der Richtzustand als Abweichung der gespannten Mittelzone von der Ebenheit festgestellt werden. Um den Spannungszustand zu erhalten, sind also grundsätzlich 2 Messungen an der gleichen Stelle auszuführen, und zwar für den Richtzustand R und für die Durchbiegung D; deren Unterschied ergibt dann den Spannungszustand

$$S = D - R$$

Praktische Durchführung der Messungen

Das Sägeblatt wird zur Erzeugung einer konstanten Längsbiegung zwischen 3 Rollenpaaren hindurchgeführt, die so angeordnet sind, daß die beiden äußeren Rollenpaare gegen die eine und das innere gegen die andere Blattseite drücken (Abb. 8). In der Mitte der auf diese Weise entstehenden Längsdurchbiegung, die der gefühlsmäßigen Prüfung entspricht, wird die durch die Blattspannung hervorgerufene Querdurchbiegung, die senkrecht

Seite 15

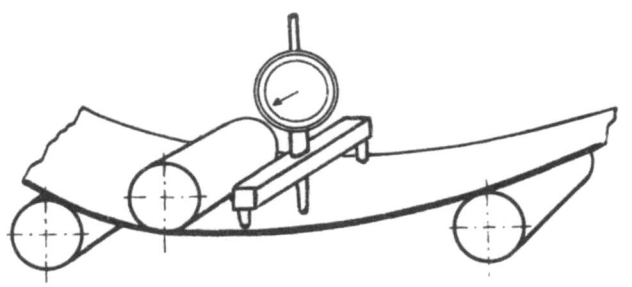

A b b i l d u n g   8
Spannungsprüfung mit Meßuhr, Prinzipskizze

A b b i l d u n g   8a
Spannungsmeßgerät

A b b i l d u n g   8b
Spannungsprüfgerät mit Farbwalze

zur Blattkante liegt, beispielsweise mit einer Meßuhr gemessen (Abb. 8a) oder mit Farbwalze unmittelbar auf das Blatt aufgezeichnet (Abb. 8b).

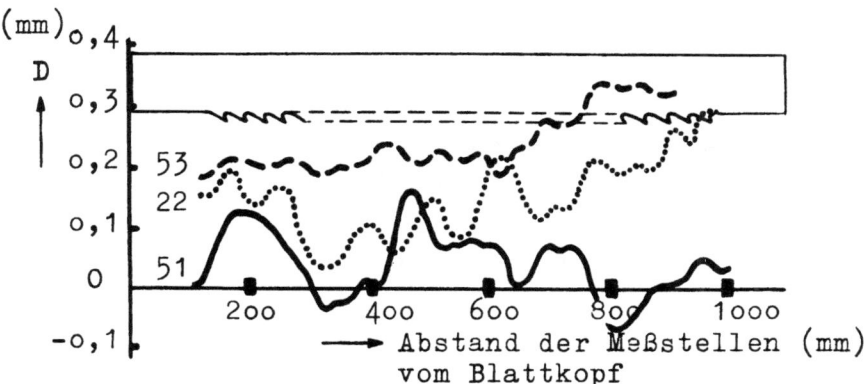

Abbildung 9
Diagramme der Durchbiegung von 3 Sägeblättern

Auf diese Weise ergibt sich die Durchbiegung D. Um den Richtzustand R zu erhalten, werden die 3 Rollenpaare so eingestellt, daß das Sägeblatt ohne Längsdurchbiegung über die äußeren Rollenpaare hinweggezogen wird.

Damit sich für die betriebsmäßige Prüfung eine Vereinfachung ergibt, genügt es, Toleranzmessungen getrennt für den Richt- und Spannungszustand auszuführen. Der Richtzustand soll bei einem gut gerichteten Sägeblatt um eine Größenordnung kleiner sein als die Querdurchbiegung. In diesem Falle kann er vernachlässigt und die Querdurchbiegung unmittelbar als Maß für den Spannungszustand angesehen werden.

Abbildung 9 zeigt den Verlauf der mit der Meßuhr gemessenen Querdurchbiegung von 3 Gattersägeblättern über die ganze Blattlänge und zwar beziehen sich die Kurven auf folgende Sägeblätter

Sägeblatt Nr.	Länge mm	Breite ohne Zahnung mm	Dicke mm	Querdurchbiegung D_{min} mm	D_M mm	D_{max} mm	Unterschied d. Durchbiegung mm
22	1455	125	1,9 ...1,93	0,04	0,18	0,3	0,26
51	1580	123	1,68...1,72	-0,06	0,06	0,17	0,23
53	1490	115	1,21...1,22	0,19	0,27	0,35	0,16

Bei Betrachtung der 3 Kurven fällt auf, daß der Unterschied zwischen der kleinsten und größten Durchbiegung bei Blatt 22 und 51 0,26 bzw. 0,23 mm,

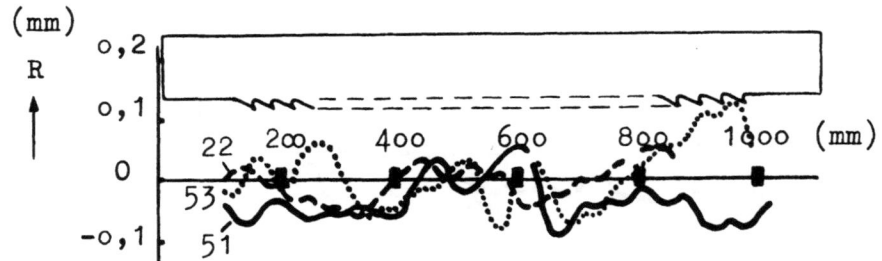

Abbildung 9a

Richtzustand von 3 Sägeblättern

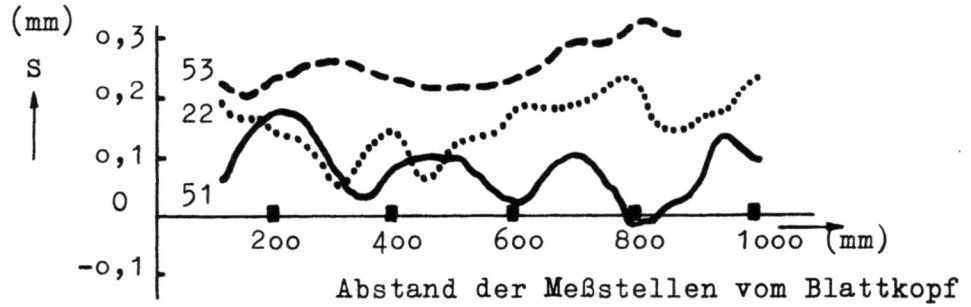

Abbildung 9b

Spannungszustand von 3 Sägeblättern

bei Blatt 53 nur 0,16 mm beträgt. Das läßt darauf schließen, daß der Richtzustand der ersten beiden Blätter mangelhaft ist; dies wird durch die Diagramme der Abbildung 9a bestätigt. Der Spannungszustand $S = D - R$ ist in Abbildung 9b dargestellt und beträgt im Mittel bei

Blatt Nr.	22	51	53
S_M	0,15 mm	0,06 mm	0,24 mm
D_M	0,18 mm	0,06 mm	0,25 mm

Der Vergleich der Mittelwerte des Spannungszustandes S_M mit dem der Querdurchbiegung D_M beweist, daß der Spannungszustand mit der Querdurchbiegung praktisch übereinstimmt. Zwischen dem Richt- und Spannungszustand einerseits und den Dickenunterschieden andererseits, die bei den 3 als Beispiel aufgeführten Sägeblättern gering sind (0,01 ... 0,04 mm), konnte kein Zusammenhang von praktischer Bedeutung festgestellt werden.

Forschungsberichte des Wirtschafts- und Verkehrsministeriums Nordrhein-Westfalen

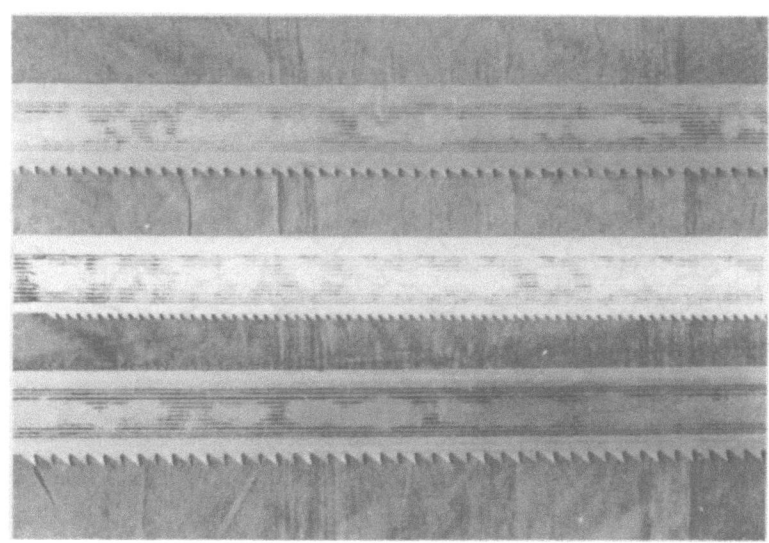

Abbildung 10a

Aufzeichnen des Spannungszustandes mit Farbwalze

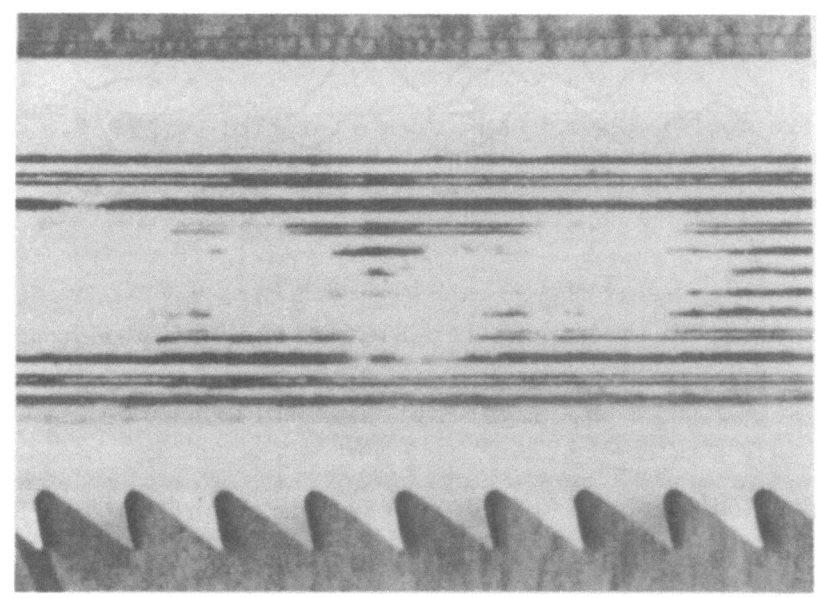

Abbildung 10b

Vergrößerter Ausschnitt aus der Aufzeichnung der Farbwalze

Für die gleichen Gattersägeblätter wurde die Querdurchbiegung mit Farbwalze aufgezeichnet (Abb. 10a und 10b).

Die Meßuhr liefert genaue Werte, jedoch nur auf einer zur Blattkante parallelen Linie, zweckmäßigerweise auf der Mittellinie. Es ist durchaus

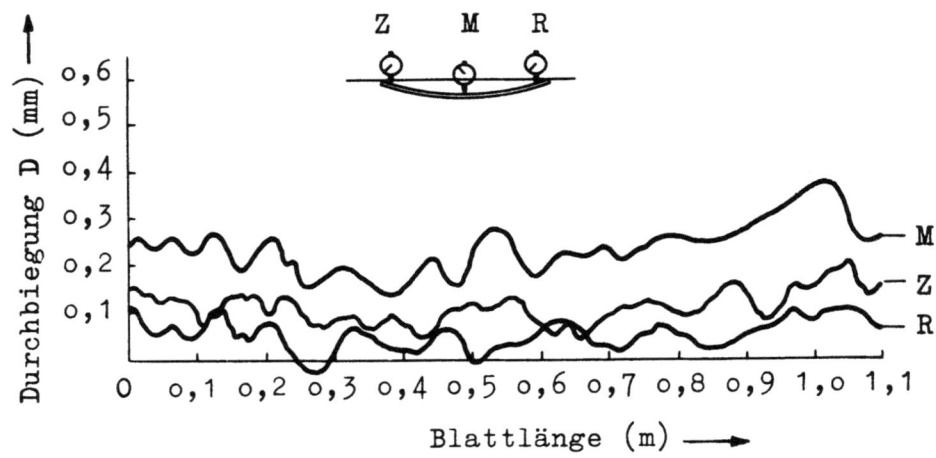

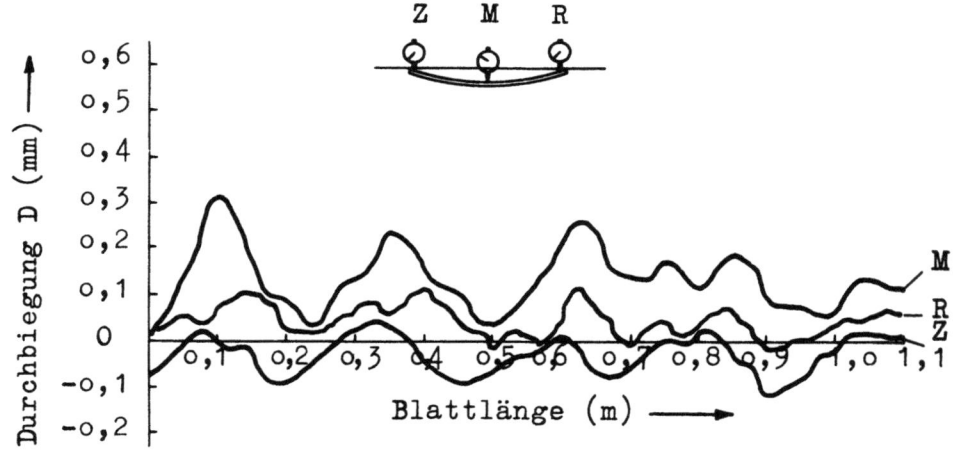

Abbildung 11

Diagramme der Durchbiegung der Blattmitte und der Randzonen
a) Sägeblatt Nr. o3
b) Sägeblatt Nr. 51

möglich, daß aber die größte Querdurchbiegung nicht in der Blattmitte liegt. Um die Verteilung der Spannung über das ganze Blatt zu ermitteln, können mehrere Meßuhren in verschiedenen Abständen von der Blattkante verwendet werden. Im Diagramm der Abbildung 11 wurden daher zwei weitere Kurven R und Z der Durchbiegung in 3o mm Abstand nach jeder Seite von der Mittellinie gezeichnet. Wie ersichtlich, sind die Unterschiede zwischen den beiden Kurven R und Z als geringfügig zu bezeichnen. Deshalb genügt normalerweise die Aufzeichnung der Kurve M in der Blattmitte. Für die Praxis dürfte das einfachere Verfahren der Aufzeichnung mit Farbwalzen ausreichend sein, das zwar nicht so genaue Werte liefert wie die Meßuhr, dafür aber schnell und hinreichend genau die gesamte Spannungsverteilung über das ganze Blatt aufzeigt; u.a. also auch die Lage, Breite der Spannungszone und ihre Parallelität zur Blattmittellinie.

3. Einfluß der Angelanfassung und der Zugspannung unter Berücksichtigung von Überhang, Verschleiß, Schnittkraft und Temperatur auf den Spannungszustand

Durch die über die Angeln auf das Sägeblatt wirkende Zugspannung ändert sich der Spannungszustand. Zur Feststellung der Blattspannungsänderung wurden verschiedene nachstehend aufgeführte Methoden verwendet, um gleichzeitig deren Brauchbarkeit und Zuverlässigkeit zu erproben:

a) Dehnungsmeßstreifen
b) Tastdehnungsmesser
c) Reißlackmethode
d) Spannungsoptische Modellversuche
e) Versuche an hochelastischen Modellen (Gummi)

Die Versuche a) ... c) wurden mit dem hierfür gebauten Gattersägen-Prüfgestell durchgeführt (Abb. 12).

Abbildung 12
Gattersägen-Prüfgestell
(Gattersägeblatt der Fa. Herbertz u. Schmidt, Remscheid)

Alle gebräuchlichen Gattersägeblätter können in den verstellbaren Prüfrahmen eingespannt werden. Die Zugkräfte können bis 20 t, also das Mehrfache von den in Deutschland gebräuchlichen Werten, betragen, so daß auch Steinsägeblätter untersucht werden können, die im Betrieb mit 7 ... 8 t Zugspannung beansprucht werden.

Somit ist die Möglichkeit gegeben, einerseits Überbeanspruchungen zu erzeugen, andererseits gleichzeitig mehrere Sägeblätter und insbesondere dauernde oder vorübergehende Spannungsänderungen, hervorgerufen durch Temperaturunterschiede der verschiedenen Sägeblätter beim Schneiden, zu untersuchen. Wegen der großen Höhe des Gattersägen-Prüfgestelles wurden die Angeln mit den Spannelementen, die normalerweise oben am Gatterrahmen aufgelegt werden, vertauscht. Das Meßergebnis wird dadurch nicht beeinträchtigt.

Auf die Art der Spannungserzeugung durch Keil, Exzenter, Schraube oder Hydraulik wird im Abschnitt über Spannungsmöglichkeiten eingegangen.

a) Dehnungsmeßstreifen-Methoden

Für die experimentelle Spannungsermittlung gewinnt das Verfahren mit Dehnungsmeßstreifen immer mehr an Bedeutung. Diese nicht ganz einfache und große Sorgfalt erfordernde Methode gibt durch jeden verwendeten Meßstreifen Auskunft über die in Richtung dieser Streifen verlaufende Spannungsgröße und zwar nur an der Stelle des betreffenden Meßstreifens. Um die Hauptspannungen zu ermitteln, müßten 2 bis 3 Meßstreifen mit verschiedenen Richtungen, z.B. in der sogenannten Rosettenform, an jeder Meßstelle verwendet werden. Da die Richtung der Hauptspannung auf Grund anderer Verfahren bekannt war, konnten einfache Dehnungsmeßstreifen in der Hauptspannungsrichtung angebracht werden (Abb. 13).

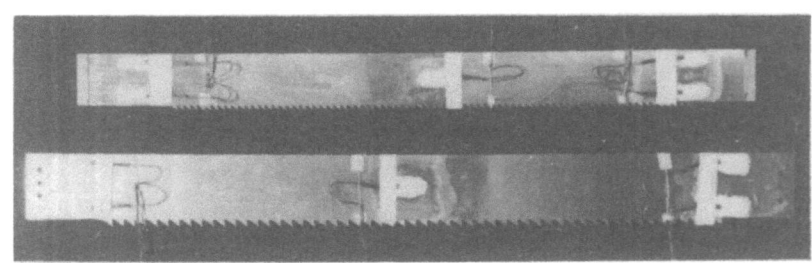

A b b i l d u n g   13
Sägeblätter mit Dehnungsmeßstreifen

Auf den Erkenntnissen von THUNELL/HILTSCHER aufbauend, welche die Auswirkungen der Zug- und Schnittkraft auf die Blattspannung untersucht haben, wurde der Einfluß der beiden gebräuchlichen Arten der Angelanfassungen auf den Spannungszustand ermittelt, und zwar bei Verwendung von Nietangeln mit 2 Löchern im Vergleich zur Einschub- oder Kastenangel.

In diesem Zusammenhang ist interessant, daß die Nietangel im Bundesgebiet bevorzugt wird, da diese wesentlich einfacher zu handhaben ist als die Einschub- oder Kastenangel, die vorwiegend in den nordischen Ländern verwendet wird.

Es wurden 2 Gattersägeblätter untersucht, und zwar ein Sägeblatt mit 3 Nietlöchern für eine Zweiloch-Nietangel und ein Sägeblatt mit Leisten für Einschub-Angel, deren Abmessungen und Lage der Meßstellen in nachstehenden Tabellen zusammengestellt sind. Die Buchstaben entsprechen der Abbildung 14.

Abmessungen

Sägeblatt-Nr.		23	52
Angelart		Nietangel	Einschubangel
Länge	L	1695	1490
Lochabstand	a_1	48	-
Lochabstand	a_2	30	-
Lochabstand	a_1	38	-
Abstand d. Lochung v.Blattende bzw. Leistenbreite	c	30	25
Lochdurchmesser	d	12	-
Blattbreite	b	160	125
Zahnhöhe	h	15	9
Zahnteilung	t	25	15
Blattdicke	s	2,05 +0,02	1,23 +0,03 (Zahnzone)

Lage der Meßstellen

Abstand von der Rückenkante	g_1	122	95
	g_2	20	20
	g_3	70	60
	g_4	120	95
	g_5	20	20

Sägeblatt-Nr.		23	52
Angelart		Nietangel	Einschubangel
Abstand von der unteren Kopfkante	f_1	135	130
	f_2	840	705
	f_3	1575	1365

Versuchsergebnisse

Die Sägeblätter wurden mit P = 2; 3 und 4 t Zugkraft belastet. Der Übergang betrug bei normaler Nietangel (Blatt 23) 1o mm. Die Dehnungen

$$\varepsilon = \frac{\Delta L}{L}$$

für 3 t Zugkraft sind der besseren Übersicht halber in ein schematisch gezeichnetes Sägeblatt eingetragen. Die Meßergebnisse mit 2 und 4 Tonnen Zugkraft bestätigen, daß die Dehnung für dieselbe Meßstelle proportional der Zugkraft P ist. Diese Feststellung wurde bei verschiedenen Sägeblättern und bei verschiedenen Überhangwerten gemacht und entspricht auch theoretischen Überlegungen. Dieser Wert für die Dehnung beträgt, wie aus der Darstellung ersichtlich, **in** vorliegendem Falle, der als Normalfall anzusehen ist, in der Nähe der Zahnzone je nach Überhang und Abstand der Zugkraftwirklinie von der Blattmittellinie das 0,5- bis 4-fache der Dehnung in der Rückenzone, während der Wert in der Mittelzone etwa das Mittel zwischen beiden Randspannungen darstellt und etwa einer gleichmäßig verteilten spezifischen Beanspruchung entspricht.

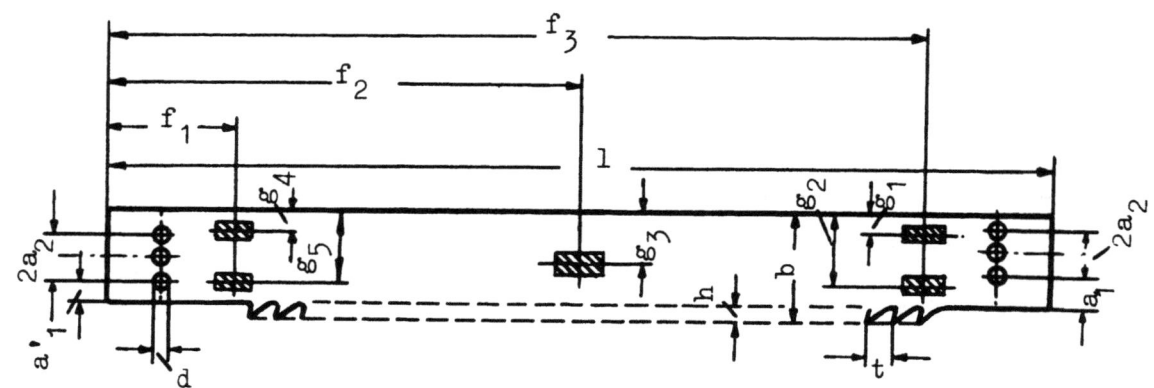

▧ = aufgeklebte Dehnungsmeßstreifen

A b b i l d u n g 14

Gattersägeblatt, Lage der Meßstellen

Aus der Dehnung ε und aus dem Elastizitätsmodul $E = 20\,100$ kg/mm² läßt sich die Spannung σ mit guter Annäherung errechnen:

$$\sigma = \varepsilon \cdot E = \varepsilon \cdot 20\,100 \text{ kg/mm}^2$$

Für die Stellen 1 ... 5 ergeben sich folgende Dehnungen und Spannungsänderungen; die Dehnungen sind in Abbildung 15 schematisch dargestellt.

Zugkraft	ε (‰) bei Meßstelle				
kg	1	2	3	4	5
2000	0,30	0,20	0,22	0,30	0,06
3000	0,48	0,32	0,36	0,56	0,13
4000	0,68	0,43	0,50	0,76	0,20

Zugkraft	σ (kg/mm²) bei Meßstelle				
kg	1	2	3	4	5
2000	6,0	4,0	4,4	6,0	1,2
3000	9,6	6,4	7,2	11,2	2,6
4000	13,6	8,6	10,6	15,2	4,0

Berechnung der Blattspannung

Die klassische Berechnung des Sägeblattes auf außermittigen Zug ist gleichbedeutend mit der Berechnung auf reinen Zug mit überlagerter reiner Biegung, wobei zunächst die innere Spannung vernachlässigt wird.

Reiner Zug

(3) $$\sigma_z = \frac{P}{F} = \frac{P}{b \cdot s} = \frac{P}{2e \cdot s}$$

Als wirksame Blattbreite b ist die Breite des Blattes ohne Zähne einzusetzen (Abb. 16).

Für die Berechnung der maximalen Spannung muß der Abstand der am meisten beanspruchten Randfaser in Betracht gezogen werden. Dieser Abstand ist die halbe wirksame Blattbreite, also

$$e = \frac{b}{2}$$

Setzt man die Werte für Sägeblatt 23 in die Gleichung (3) ein, so wird mit

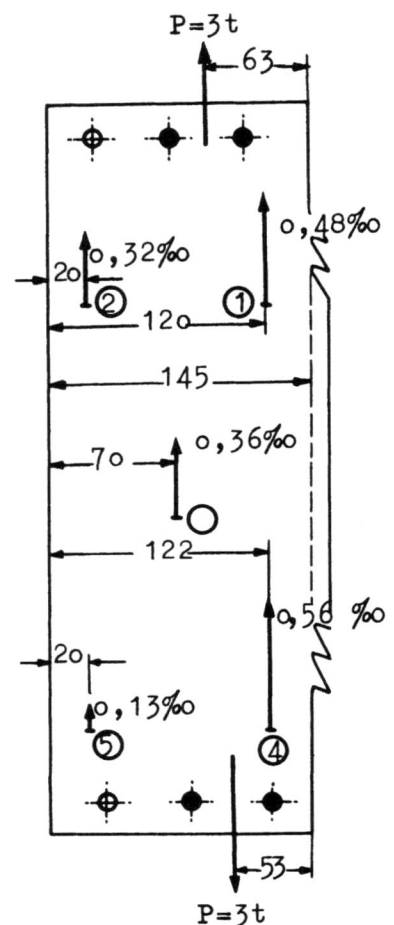

Abbildung 15
Schematische Darstellung der Dehnungen in ‰; Meßstellen (1)...(5)

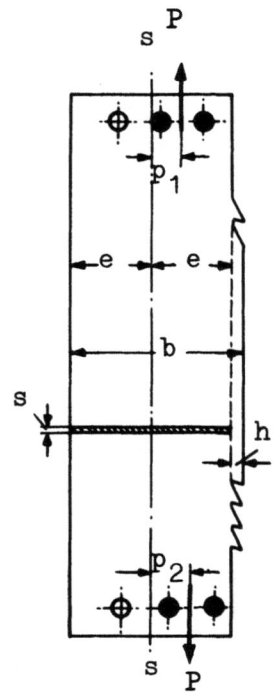

Abbildung 16
Prinzipskizze zur Berechnung

$$P = 3000 \text{ kg}; \quad b = 2e = 145 \text{ mm und } s = 2 \text{ mm}$$
$$\sigma_z = 10,4 \text{ kg/mm}^2$$

Reine Biegung

Die größte durch das Biegemoment hervorgerufene Zugspannung in der Zahngrundlinie ist

$$\sigma_1 = e \cdot \frac{M}{J} = e \cdot \frac{P \cdot p}{J}$$

Das Trägheitsmoment J, bezogen auf die Blattachse S ... S ist

$$J = \frac{s \cdot (2e)^3}{12} = \frac{2}{3} \cdot s \cdot e^3$$

In vorstehende Gleichung eingesetzt, ergibt

Seite 26

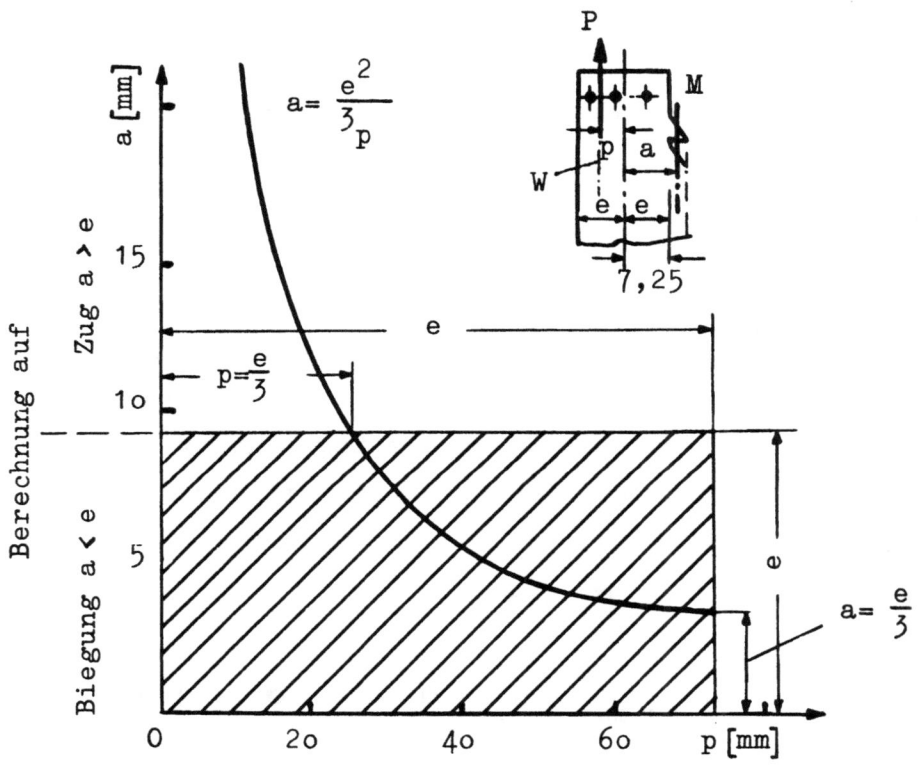

Abbildung 17

Abstand der Momenten-Nullinie M von der Mittellinie des Sägeblattes in Abhängigkeit von der Zugkraft-Wirklinie W

(4) $$\sigma_1 = \frac{e \cdot P \cdot p}{\frac{s \cdot (2e)^3}{12}} = \frac{3 \cdot P \cdot p}{2 \cdot s \cdot e^2}$$

Die größte durch Biegung hervorgerufene Druckspannung ergibt sich zu

(5) $$\sigma_2 = -\sigma_1 = -\frac{3 \cdot P \cdot p}{2 \cdot s \cdot e^2}$$

Die Addition der Einzelspannungen gem. den Gleichungen (3) und (4) bzw. (3) und (5) ergibt die Gesamtspannung:

(6) $$\sigma_{res\ max} = \sigma_z + \sigma_1$$

(7) $$\sigma_{res\ min} = \sigma_z + \sigma_2 = \sigma_z - \sigma_1$$

Für die Gesamtspannung verschiebt sich die Momenten-Nullinie gegenüber der Blattachse nach der Rückenzone um die Strecke

$$a = \frac{e \cdot \sigma_z}{\sigma_1} = \frac{e \cdot P \cdot 2 \cdot s \cdot e^2}{2 \cdot s \cdot e \cdot 3 \cdot P \cdot p}$$

(8) $$a = \frac{e^2}{3 \cdot p}$$

Da $\frac{e^2}{3}$ = const., stellt die Gleichung (8) eine Hyperbel dar (Abb. 17). In diese Gleichung wird nun der Wert des Berechnungsbeispieles e = 72,5 mm eingesetzt; dann wird

$$a = 1750 \cdot \frac{1}{P}$$

Für $3p = e$ bzw. $p = \frac{e}{3}$ wird $a = e$, d.h. für diesen Grenzfall fällt die Nullinie mit der Rückenkante zusammen bzw. wird die Spannung in der Rückenkante $\sigma_{res\ min} = 0$; das bedeutet, daß die Zugspannung in der Zahngrundlinie den doppelten Betrag erreicht wie bei mittigem Zug und gleichmäßiger Spannungsverteilung (Abb. 18), da

$$\sigma_1 = \sigma_z$$

wird und somit

$$\sigma_{res\ max} = \sigma_z + \sigma_1 = 2 \cdot \sigma_z = 2 \cdot \sigma_1$$

Das gleiche Ergebnis erhält man durch Rechnung nach Gleichung (4). Setzen wir die Werte des Zahlenbeispieles ein, so erhalten wir

$$\sigma_z = 10,4 \text{ kg/mm}^2$$
$$\sigma_{res\ max} = 20,8 \text{ kg/mm}^2$$

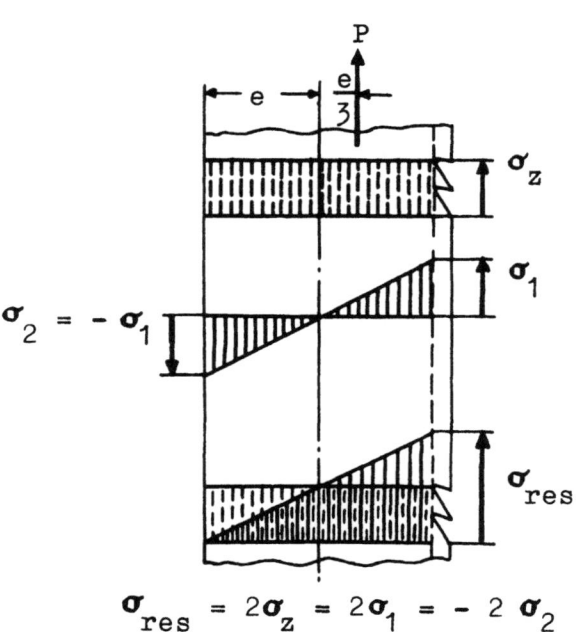

$$\sigma_{res} = 2\sigma_z = 2\sigma_1 = -2\sigma_2$$

A b b i l d u n g 18
Spannungsverteilung bei spannungsloser Rückenlinie

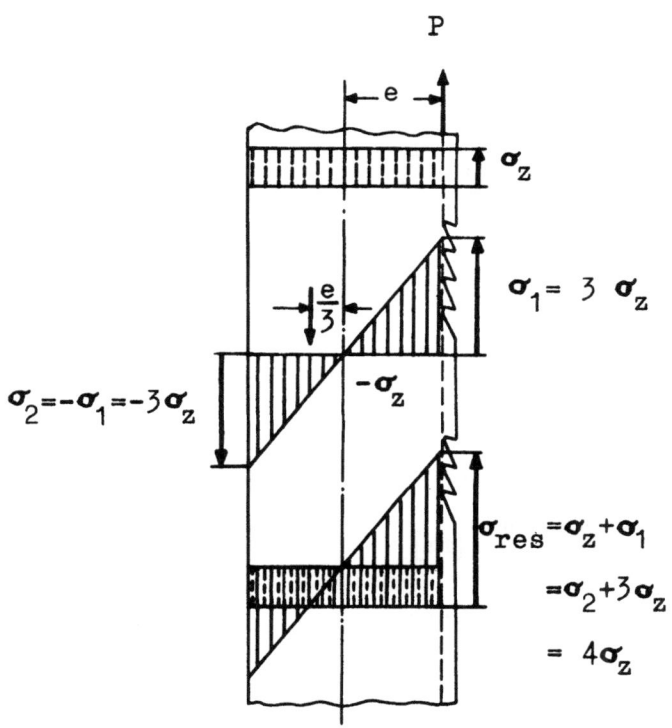

A b b i l d u n g 19

Spannungsverteilung bei Zug in der Zahngrundlinie

Für $p < \frac{e}{3}$ liegt a außerhalb des Blattes, d.h. die Rückenkante wird auf Zug beansprucht.

Für $p > e$ liegt a innerhalb des Sägeblattes, es tritt also in der Rückenkante eine Druckspannung auf. Für den Sonderfall, der beim Verschleiß des Sägeblattes in Frage kommt: $p = e$, wird dann $a = \frac{e}{3}$ (Abb. 19) und die resultierenden Spannungen ergeben sich zu

$$\sigma_{res\ max} = \sigma_z + \sigma_1 = \sigma_z + 3\sigma_z = 4\sigma_z = 41{,}6 \text{ kg/mm}^2$$

$$\sigma_{res\ min} = \sigma_z + \sigma_1 = \sigma_z + 3\sigma_z = -2\sigma_z = -20{,}8 \text{ kg/mm}^2$$

In der Praxis ist der Abstand der Wirklinie von P von der Blattachse bei einem neuen Sägeblatt

$$0{,}1 \cdot e \leq p \leq e$$

In Abbildung 20 sind die resultierenden Zugspannungen für eine Zugkraft von 3000 kg in Abhängigkeit von p dargestellt. Der Verlauf ist linear, da σ_z = const. und $\sigma_1 = c\, p$ durch eine Gerade dargestellt werden können.

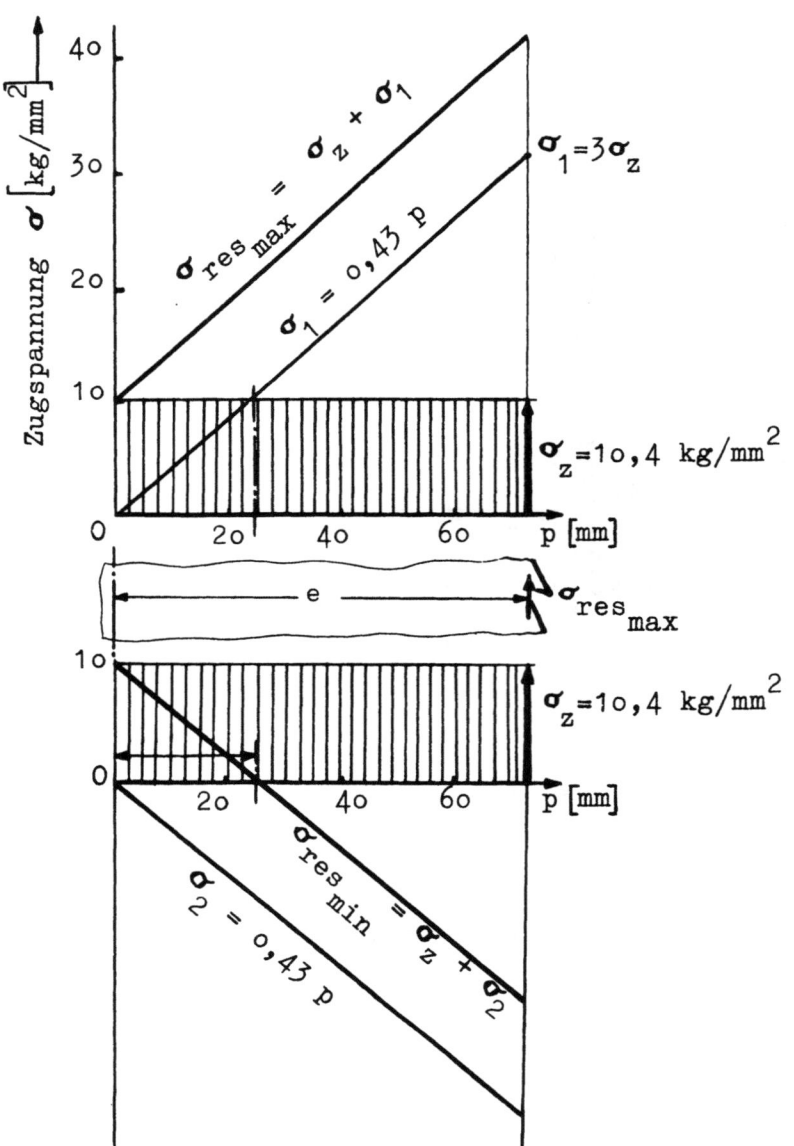

Abbildung 20

Spannungsdiagramm für die Zahngrundlinie in Abhängigkeit von dem Abstand der Zugkraft von der Blattmittellinie

Abbildung 21

Spannungsdiagramm für die Rückenlinie in Abhängigkeit von dem Abstand der Zugkraft von der Blattmittellinie

Im vorliegenden Rechenbeispiel ist $c = 0,43$. Für die Zugspannung in der Rückenlinie ergibt sich eine Gerade mit negativem Neigungswinkel (Abb. 21):

$$\sigma_{res\ min} = \sigma_z + \sigma_2 = \sigma_z - \sigma_1 = \sigma_z - c \cdot p = 10,4 - 0,43 \cdot p$$

Einfluß des Überhanges

Bei den bisherigen Betrachtungen wurde eine zur Blattachse parallele Wirklinie der Zugkraft vorausgesetzt. Wird jedoch das Sägeblatt mit Überhang eingespannt, so ergibt sich auch in der Längsrichtung des Blattes eine ungleichmäßige Spannungsverteilung. Für das Sägeblatt Nr. 23 erhält man bei einer Zugkraft von 3000 kg folgende Werte für die Spannungen längs der senkrecht zur Mittellinie verlaufenden Linien, auf denen die Dehnungsmeßstreifen liegen; ihr geometrischer Ort ist durch die Werte von f_1, f_2 und f_3 (Abb. 14) gegeben (vergleiche auch Tabelle auf Seite 24).

p mm	σ_1 kg/mm^2	$\sigma_{res\ max}$ kg/mm^2	$\sigma_{res\ min}$ kg/mm^2	
10,0	4,3	14,7	6,1	(oberes Kopfende)
14,5	6,2	16,6	4,2	(Blattmitte)
18,5	7,95	18,4	2,4	(unteres Kopfende)

Der Verlauf der errechneten Spannung ist im Diagramm (Abb. 22) graphisch dargestellt. Aus dem Diagramm ergeben sich auf den betreffenden Bezugslinien die Spannungen für jede beliebige Stelle des Blattes von der Zahn- bis zur Rückenlinie. Somit ist man in der Lage, auch die Spannungen $\sigma_{(1)} \ldots \sigma_{(5)}$ an den Meßstellen der Dehnungsmeßstreifen abzulesen. Die als gestrichelte Pfeile eingetragenen Meßwerte der Dehnungsmeßstreifen liegen im Durchschnitt um 2 kg/mm^2 niedriger, zeigen jedoch dieselbe Tendenz. Über den Unterschied dieser beiden Meßverfahren, der zwischen 0 und 20 % liegt, wird in dem Abschnitt über den Einfluß der Blattspannung näher eingegangen.

Vergleichen wir die Spannungen in der Zahngrundlinie am oberen und unteren Kopfende, so beträgt der Unterschied 25 % für den vorliegenden Fall (p = 10 ... 18,5 mm), in der Rückenlinie etwa 66 %.

Verschleißeinflüsse

Es wären nun die Spannungsverhältnisse, die sich beim Verschleiß durch Nachschärfen ergeben, kurz vor dem Umspannen der Zweilochnietangel zu untersuchen. In der Praxis wird das Sägeblatt umgespannt, wenn die Abnutzung etwa dem Betrag der Angelversetzung durch Umspannen entspricht; er beträgt in dem Berechnungsbeispiel 30 mm. Für diesen Wert verschiebt sich die Blattmittellinie um 15 mm. Mithin wird der Abstand der Wirklinie der Zugkraft von der Blattachse um 15 mm größer.

Bei Anwendung der Gleichungen (4) ... (7) erhält man

für P = 3000 kg; e = 57,5 mm; p_1 = 33,5 mm; p_2 = 25,5 mm und $p_m = \dfrac{p_1 + p_2}{2}$

$$a_1 = 0,685\ p$$
$$\sigma_z = 13\ kg/mm^2$$

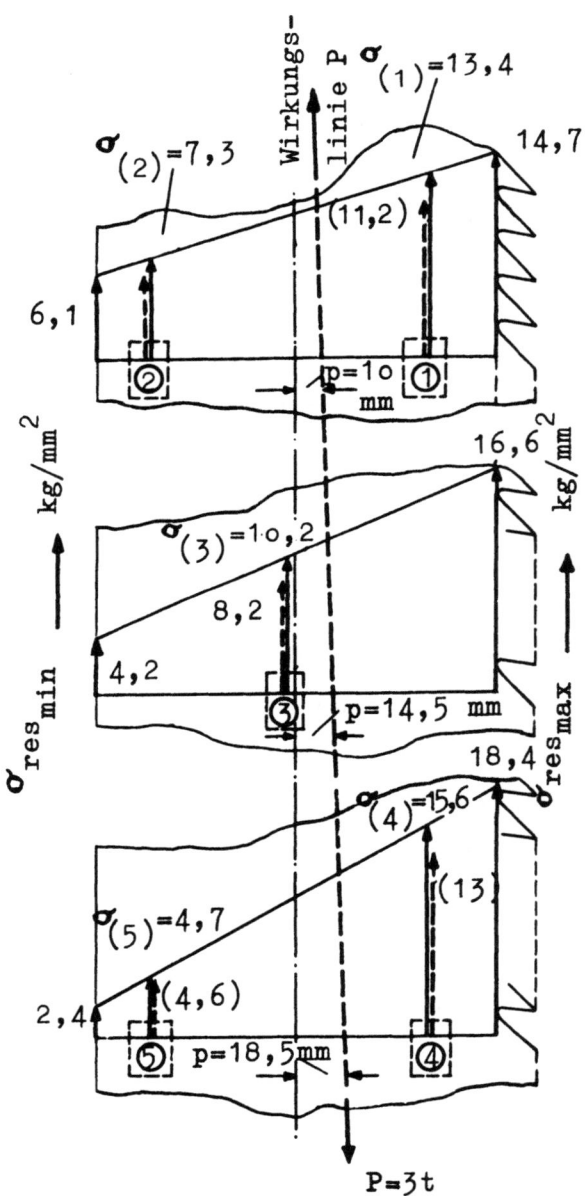

Abbildung 22

Diagramme der rechnerisch (graphisch) und mit Dehnungsmeßstreifen ermittelten Spannungen

$$\sigma_{res\,max} = \sigma_z + \sigma_1 = 13 + \sigma_1$$
$$\sigma_{res\,min} = \sigma'_z - \sigma_1 = 13 - \sigma_1$$

In nachstehender Tabelle sind die Spannungen für die verschiedenen Werte von p zusammengestellt.

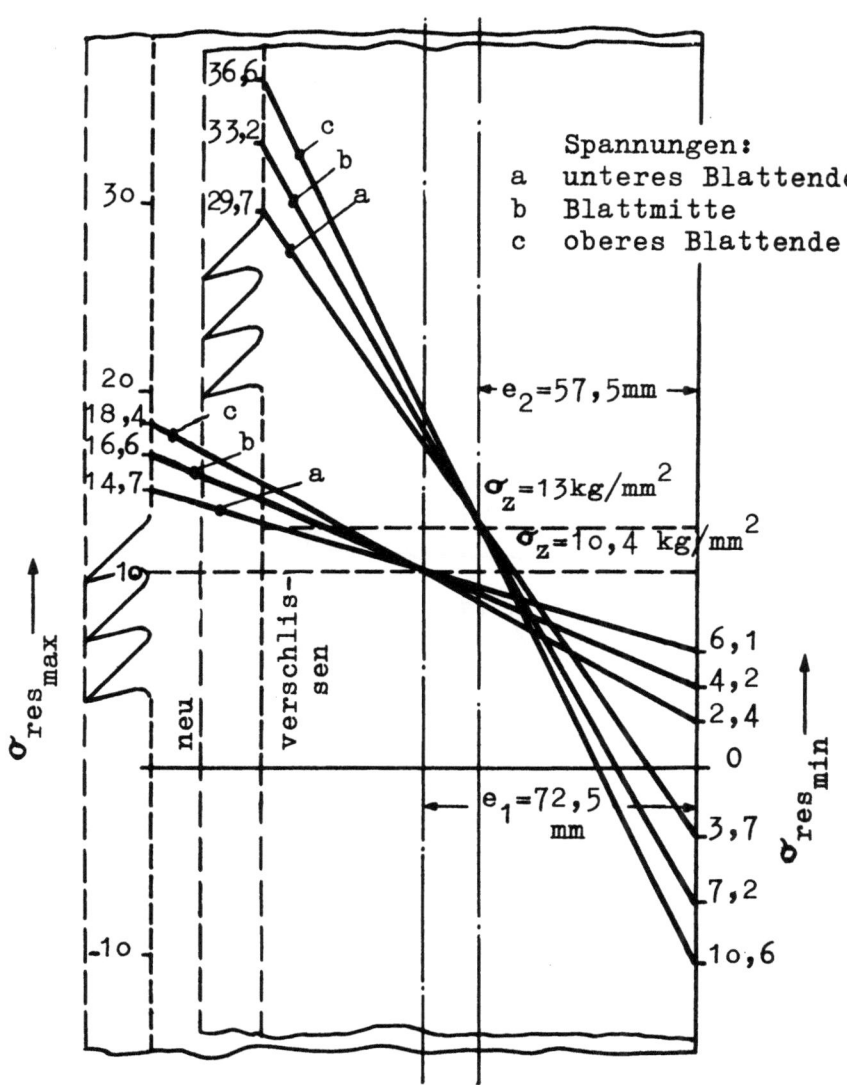

A b b i l d u n g 23

Spannungsverlauf im neuen und abgenutzten Sägeblatt

Spannung kg/mm²	p_1	p_m	p_2
σ_1	23,6	20,2	16,7
$\sigma_{res\,max}$	36,6	33,2	29,7
$\sigma_{res\,min}$	-10,6	-7,2	-3,7

Aus der Gegenüberstellung der Zugspannung (Abb. 23) geht hervor, daß die Zugspannungen in stark verschlissenem Zustand, also kurz vor dem Umspannen, doppelt so hoch wie bei einem neuen Blatt sein können, obwohl dies

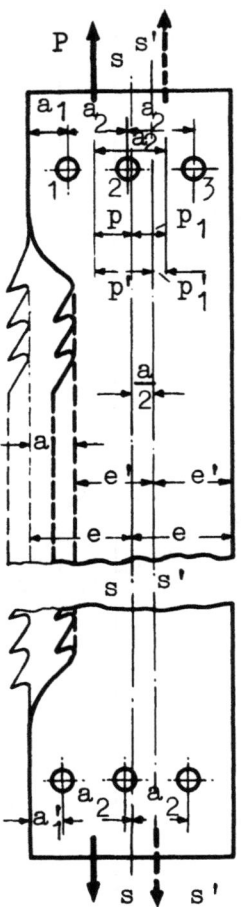

Abbildung 24
Berechnungsskizze für Verschleißeinfluß

nur von 145 auf 115 mm bzw. um 28 % durch Nachschärfen schmaler wurde. Der Unterschied durch Überhang beträgt in diesem Falle 36,6 gegenüber 29,7 kg/mm² bzw. 23 % und ist also praktisch ebenso groß wie bei einem neuen Blatt (25 %). Werden die Angeln nach 30 mm Verschleiß des Blattes umgespannt, so verläuft die Wirklinie der Zugspannung im oberen Kopfende des Sägeblattes gem. Abbildung 24 rechts und im unteren Kopfende wegen des Überhanges links von der Blattachse S ... S des verschlissenen Blattes, d.h. im oberen Teil des Blattes wird die Zugspannung in der Zahnzone kleiner als in der Rückenzone. In der Blattmitte ist die Spannung in beiden Randzonen annähernd gleich:

$$\sigma_1 = \sigma_2 = \sigma_z = 13 \text{ kg/mm}^2$$

<u>Einfluß des Überhanges auf den Spannungsverlauf</u>

Um den Einfluß des Überhanges, der eine Mehrspannung von etwa 25 % am oberen Blattkopf gegenüber dem unteren bewirkt, auszuschalten, geht man bei modernen Gatterrahmen dazu über, den Überhang in den Rahmen zu verlegen. Damit erreicht man, daß die Spannung in idealer Weise längs des Blattes gleichmäßig verläuft.

Da bei der Mehrzahl der laufenden Gatter jedoch keine Möglichkeit besteht, den Überhang im Gatterrahmen einzustellen, wäre zu überlegen, ob eine andere konstruktive Ausführung der Angelanfassung die Möglichkeit bietet, den Überhang in die Angel zu verlegen. Dieser Überlegung sich nähernde Lösungen liegen bei der Einloch- und Dreiloch-Nietangel vor.

Wie man aus dem Diagramm Abbildung 23 entnimmt, werden die Spannungen durch Verschleiß des Sägeblattes bei nicht nachstellbarer Nietangel wesentlich ungünstiger beeinflußt als durch den Überhang im Sägeblatt. Es scheint also wichtiger zu sein, daß man die nicht verstellbare Nietangel verbessert, durch die Spannungsänderungen von 100 % in der Zahnzone unvermeidbar sind und außerdem die Rückenzone unter Umständen Druckspannungen erhalten kann.

Zur besseren Anschaulichkeit sind die mittleren Randspannungen in der Zahngrund- und Rückenlinie in Abhängigkeit vom Verschleiß in einem Diagramm (Abb. 25) dargestellt. Durch den Verschleiß a ändern sich gem. Abbildung 24 folgende Daten:

(9) halbe Blattbreite ohne Zahnung $e' = \frac{2e - a}{2} = e - \frac{a}{2}$

(10) Abstand der Zugkraftwirklinie $p' = p + \frac{a}{2}$

Setzt man diese Werte für e' und p' in die Gleichungen (3); (4) und (5) ein, so erhält man für die reine Zugspannung

(11) $$\sigma'_z = \frac{P}{F} = \frac{P}{2e \cdot s} = \frac{P}{2(e - \frac{a}{2}) \cdot s}$$

Durch reine Biegung ergibt sich die Randspannung in der Zahngrundlinie zu:

(12) $$\sigma_1' = \frac{3}{2} \cdot \frac{P \cdot p'}{s \cdot (e')^2} = \frac{3}{2} \cdot \frac{P}{s} \cdot \frac{p + \frac{a}{2}}{(e - \frac{a}{2})^2}$$

und in der Rückenlinie zu

$$\sigma_2' = -\sigma_1'$$

Daraus ergeben sich für die resultierende maximale Zugspannung in der Zahngrundlinie

(13) $\qquad \sigma'_{res\,max} = \sigma'_z + \sigma'_1 = \dfrac{P}{s} \cdot \left[\dfrac{1}{2 \cdot (e - \frac{a}{2})} + \dfrac{3}{2} \cdot \dfrac{p + \frac{a}{2}}{(e - \frac{a}{2})^2} \right]$

und für die resultierende Randspannung in der Rückenlinie

(14) $\qquad \sigma'_{res\,max} = \sigma'_z - \sigma'_1 = \dfrac{P}{s} \cdot \left[\dfrac{1}{2 \cdot (e - \frac{a}{2})} - \dfrac{3}{2} \cdot \dfrac{p + \frac{a}{2}}{(e - \frac{a}{2})^2} \right]$

Wir setzen nun die nachstehenden Werte für das Rechenbeispiel (Sägeblatt Nr. 23 mit 3 Löchern für Zweiloch-Nietangel) in die Gleichungen ein:

Zugkraft P = 3000 kg; Blattdicke s = 2 mm; halbe Blattbreite e = = 72,5 mm; mittl. Abstand der Wirklinie von P von der Blattachse vor dem Verschleiß p = 15 mm;

dann ergibt sich folgende Tabelle:

a	σ'_z	σ'_1	$\sigma'_{res\,max}$	$\sigma'_{res\,min}$
o	1o,4	6,4	16,8	4,o
1o	11,6	9,85	21,5	1,8
2o	12,2	14,7	26,9	- 2,5
3o	13,1	2o,35	33,5	- 7,3
4o	14,3	28,6	42,9	-14,3
5o	15,8	39,8	55,6	-24,o

Die Werte σ'_z; $\sigma_{res\,max}$ und $\sigma_{res\,min}$ wurden als Kurven dargestellt (Abb. 25). Wir entnehmen daraus, daß die Spannung in der Rückenlinie bei einer Abnutzung von 15 mm bereits Null wird. Bei einem als durchschnittlich zu bezeichnenden Lochabstand von 3o mm darf die Angel noch nicht nach 15 mm Abnutzung umgehängt werden, da dann die Wirklinie der Zugkraft im Abstand 7,5 mm rechts von der Achsmitte des abgenutzten Blattes, also innerhalb der Rückenhälfte des Blattes liegen würde; somit wäre auch die größte Zugspannung in der Rückenlinie, während die Zahnzone praktisch entspannt wäre und das Sägeblatt verlaufen müßte. Es ergibt sich nun die

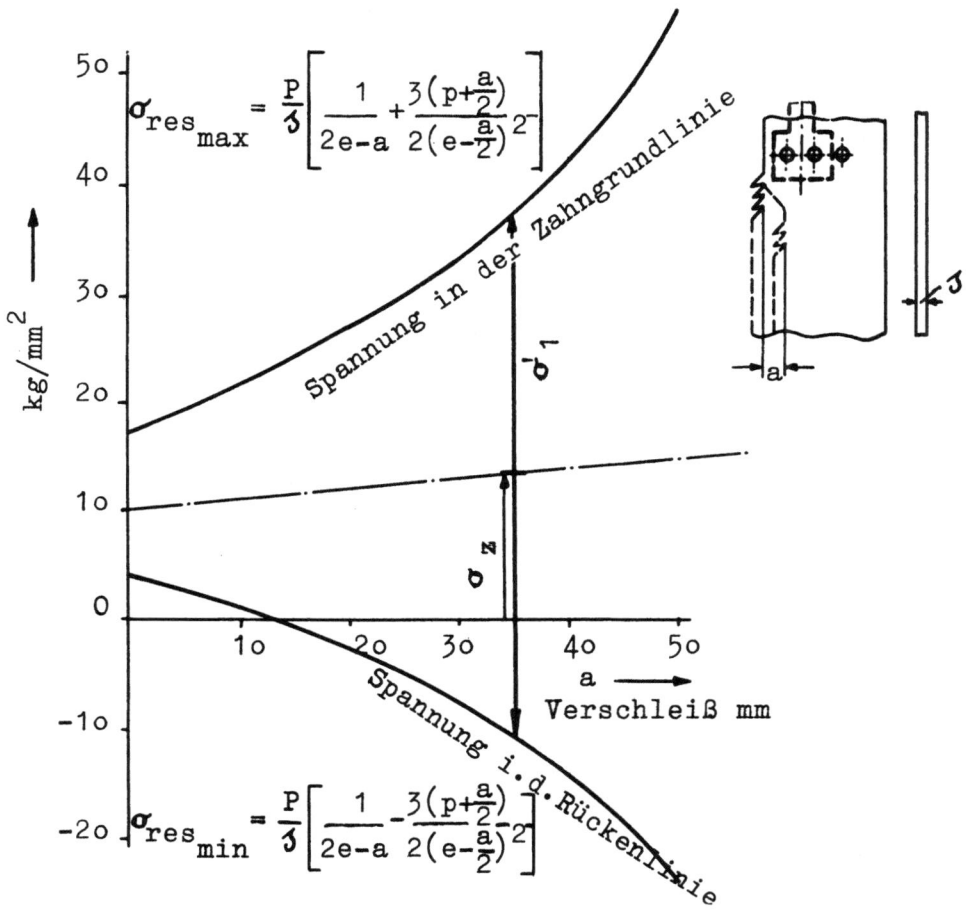

Abbildung 25

Randspannungen in Abhängigkeit vom Verschleiß bei einer Nietangel

Frage, nach welcher Abnutzungsgröße die Angel zweckmäßigerweise umgehängt werden soll.

Einerseits muß vorzeitiges Umhängen vermieden werden, damit die Zahnzone gegenüber der Rückenzone mehr gespannt ist, andererseits soll rechtzeitig umgespannt werden, damit die Spannungen in der Zahngrundlinie nicht unzulässig groß werden. Es gibt somit zwei Grenzen, zwischen denen die Spannungen am günstigsten liegen. Sie sind schwer durch Schätzung festzustellen, da diese Grenzen von 3, durch die Abmessungen des Sägeblattes gegebenen Größen und einer veränderlichen, durch Verschleiß bedingten Größe abhängen. Das Umhängen ist offensichtlich dann am günstigsten, wenn die Zugspannungen in den Randzonen nach dem Umhängen gerade gleich sind. Diese Grenzbedingung läßt sich rechnerisch ermitteln. Zur Aufstellung der nach dem Umhängen der Angel (von Loch 1 und Loch 2 in 2 und 3) maßgeblichen

Gleichungen für den Abstand p_1 und p_1' der Zugkraftwirkungslinie von der Blattachse gehen wir von Abbildung 24 aus.

Es ist im **neuen** Zustand:

(15) $\qquad p_1 = a_2 - p \quad \text{und} \quad p = e - a_1 - \dfrac{a_2}{2}$

nach Verschleiß:

$\qquad p_1' = a_2 - p' \quad \text{und} \quad p' = p + \dfrac{a}{2} = e - a_1 - \dfrac{a_2}{2} + \dfrac{a}{2}$

Setzen wir den Wert für p' ein, so wird

(16) $\qquad p_1' = a_1 + \dfrac{3}{2} a_2 - \dfrac{a}{2} - e$

Ein Sonderfall liegt für den neuen Zustand vor, bei dem a = o ist. Folgende Bedingungen müssen erfüllt sein, wenn die Zugspannung in der Zahnzone größer oder mindestens gleich der in der Rückenzone sein soll:

$\qquad$ 1) $\sigma_{res\ max} \geqq \sigma_{res\ min}$
$\qquad$ 2) $p \geqq 0$
$\qquad$ 3) $p_1 \geqq 0$

<u>Grenzfälle</u>

$\qquad p = 0 = e - a_1 - \dfrac{a_2}{2} \quad \text{und somit} \quad e = a_1 + \dfrac{a_2}{2}$

$\qquad p_1 = 0 = a_2 - p \qquad\qquad \text{und somit} \quad p = a_2$

$\qquad p' = 0 = p + \dfrac{a}{2} \qquad\qquad \text{und somit} \quad p = -\dfrac{a}{2}$

$\qquad p_1' = 0 \qquad\qquad\qquad\qquad \text{und somit} \quad a_1 + \dfrac{3}{2} a_2 - \dfrac{a}{2} - e = 0$

Die letzte Gleichung ist die wichtigste, wir formen sie um:

$\qquad a = 2 a_1 + 3 a_2 - 2 e$

Wegen der 3 veränderlichen Bestimmungsgrößen a_1; a_2 und e für den Mindestverschleiß a wird die Gleichung 17 in einer graphischen Rechentafel, Abbildung 26, dargestellt. Zu ihrer Konstruktion dienen die Werte nachstehender Tabelle:

Forschungsberichte des Wirtschafts- und Verkehrsministeriums Nordrhein-Westfalen

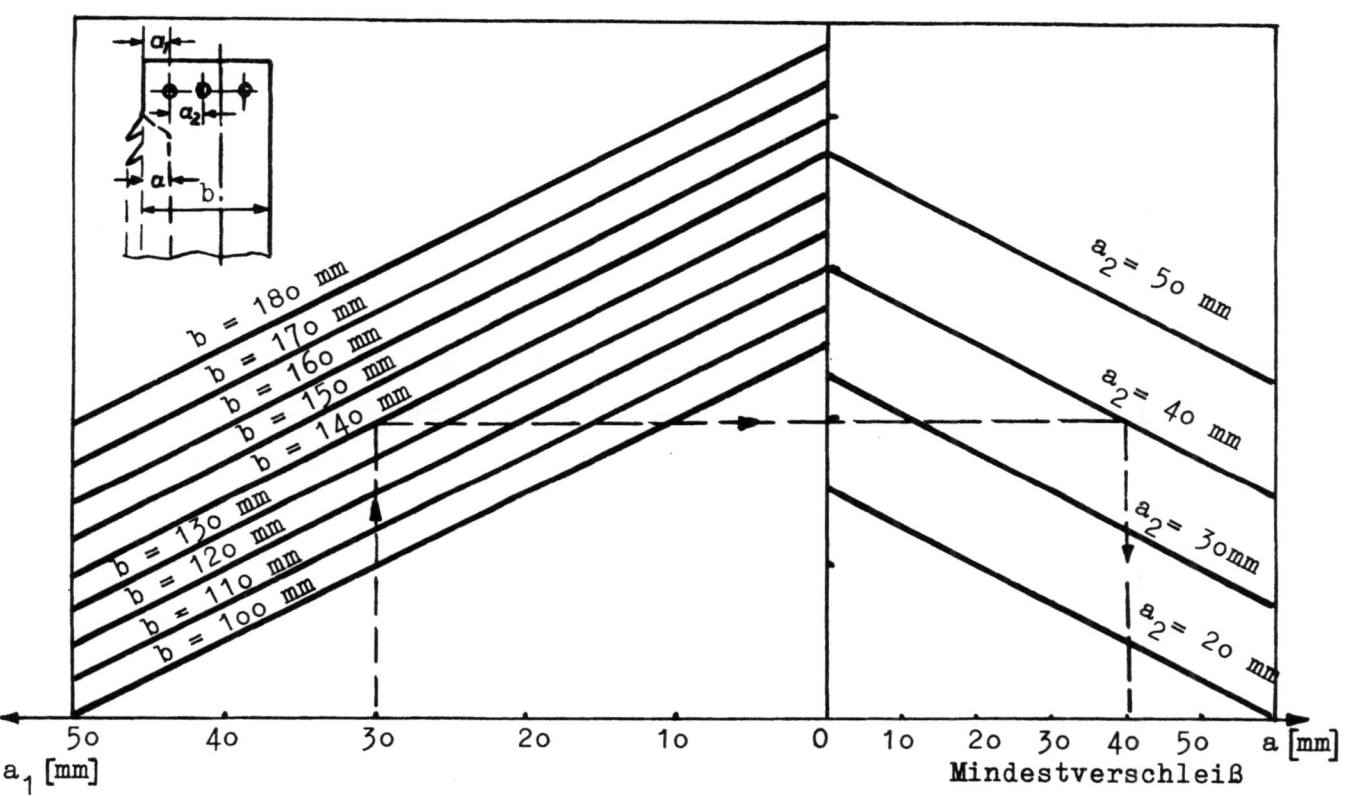

Abbildung 26

Rechentafel zur Bestimmung des günstigsten Zeitpunktes für das Umhängen der Zweiloch-Angel bei einem Dreiloch-Sägeblatt

a_1	a_2	$2e = b = 100$ mm	160 mm
10	20	-20	-80
	30	10	-50
	40	40	-20
20	20	20	-60
	30	30	-30
	40	60	0
30	20	20	-40
	30	50	-10
	40	80	20
40	20	40	-20
	30	70	10
	40	100	40

Die negativen Werte, die praktisch keine Bedeutung haben, dienen nur zum Zeichnen der Bezugsgeraden für a_2 und e, die durch 2 beliebige Punkte bestimmt sind. Zwischenwerte können durch Interpolieren erhalten werden.

Forschungsberichte des Wirtschafts- und Verkehrsministeriums Nordrhein-Westfalen

---

Die Rechentafel liefert bei den gegebenen bzw. leicht meßbaren Blattmaßen mühelos den Wert für den Mindestverschleiß a.

Beispiel:

Gegeben ist der Abstand des ersten Angelloches von dem bezahnten Rand a_1 = 30 mm; Blattbreite ohne Zähne 2 e = 140 mm und Lochabstand a_2 = 40 mm.

Man geht von a_1 = 30 senkrecht bis zum Schnittpunkt mit der Geraden für b = 140; dann waagerecht bis zum Schnittpunkt mit der Geraden für a_2 = 40 und findet senkrecht darunter den Wert für den Mindestverschleiß a = 40 mm.

Einfluß der Blattspannung auf die Randspannung

Durch die Blattspannung verändert sich der Spannungsverlauf gem. Prinzipskizze (Abb. 7). Jedoch wurde bei den bisher untersuchten Sägeblättern nur eine mittlere Durchbiegung ΔR von etwa 0,2 mm festgestellt. Bei dem als Rechenbeispiel gewählten Werten des Sägeblattes Nr. 23 wurden folgende Durchbiegungen bei einem Biegeradius von 3 m ermittelt, aus denen sich nach Gleichung (1) und (2) die Streckung und Spannung der Mittelzone σ errechnen läßt. Die Gleichungen werden zweckmäßigerweise noch so umgeformt, daß die gemessenen bzw. gegebenen Größen $R_1 - R_2 = \Delta R$

und
$$\alpha = \frac{180 \cdot L}{R \cdot \pi}$$

eingesetzt werden können.

Aus Gleichung (1) $\Delta L = (R_1 - R_2) \frac{\pi \cdot \alpha}{180}$ wird dann

(18) $\quad \Delta L = \Delta R \cdot \frac{L}{R}$

und aus Gleichung (2)

$$\sigma = E \cdot k \cdot \frac{\Delta L}{L}$$

(19) wird dann $\quad \sigma = E \cdot k \cdot \frac{\Delta R}{R}$

Durch die Streckung der Mittelzone nimmt die Spannung etwa den in Abbildung 27 gezeichneten Verlauf. Nach Überlagerung mit dem Spannungszustand nach Abbildung 22 ergibt sich eine Spannungsverteilung gem. Abbildung 28. Die Spannung in der Zahngrundlinie wird durch die Blattspannung bei einer Zugkraft von 3 t erhöht, in der Mittelzone verringert und in der Rückenzone erhöht.

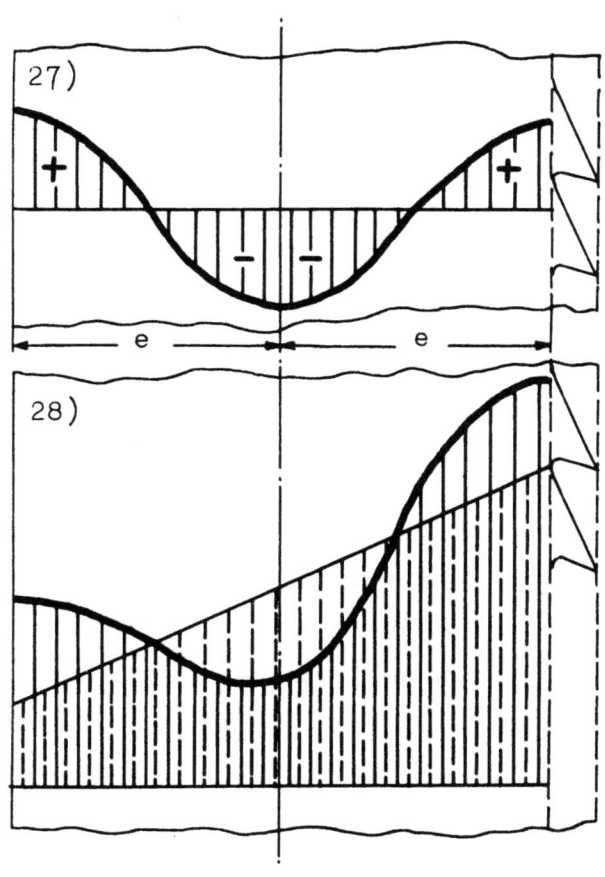
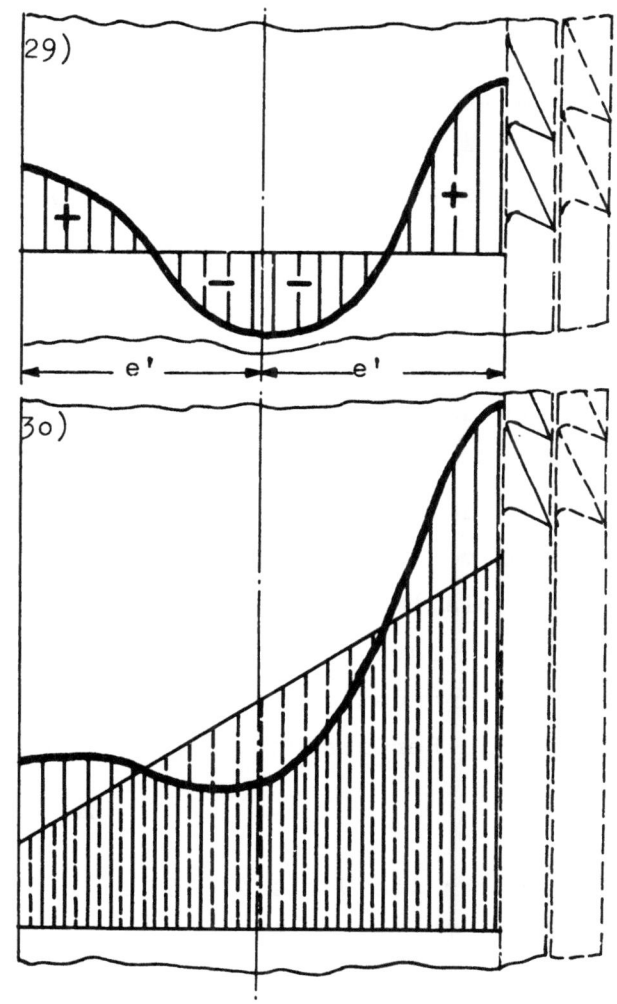

Abbildung 27
(ohne Zugkraft)

Abbildung 28
(Spannungsverlauf bei außermittigem Zug gem. Abb. 22 Mitte)

Abbildung 27 u. 28
Spannungsverlauf bei einem neuen, gespannten Sägeblatt

Abbildung 29
(Spannungsverlauf ohne Zugkraft)

Abbildung 30
(Spannungsverlauf mit außermittiger Zugkraft gem. Abb. 22 Mitte)

Abbildung 29 u. 30
Spannungsverlauf bei einem verschlissenen, gespannten Sägeblatt

Verschleißt das Blatt durch Nachschärfen, ohne daß es nachgespannt wird, so verlagert sich die Spannung entsprechend Abbildung 29. Die Randzone wird durch die innere Spannung, die nun näher zur Zahngrundlinie liegt, mehr vorgespannt, während in der Rückenkante die Spannung vermindert wird. Infolgedessen zeigt der Spannungsverlauf des in den Gatterrahmen eingespannten Sägeblattes etwa den Verlauf von Abbildung 30.

Einfluß der Schnittkraft auf den Spannungsverlauf

Um den Einfluß der Schnittkraft auf die Spannungsverteilung im Sägeblatt überschlägig rechnerisch zu bestimmen, legen wir die von THUNELL ermittelten Werte der Schnittkraftkomponenten zu Grunde:

$$\text{Tangentialkraft} \quad T = 70 \text{ kg}$$
$$\text{Normalkraft} \quad N = 35 \text{ kg}$$

Da diese Höchstwerte um mehr als eine Größenordnung, im Durchschnitt vermutlich sogar um 2 Größenordnungen, kleiner sind als die Zugkraft, so kann für vorstehende Betrachtungen die Tangentialkraft T vernachlässigt werden, da sie parallel zur Richtung der Kraft P und zwar in geringem Abstand von dieser liegt. Die Normalkraft N greift im ungünstigsten Falle in der Blattmitte an und ruft ein Biegemoment hervor. Es handelt sich um den Fall eines an 2 Enden fest eingespannten Blattes mit mittiger Last, die wir ungünstigerweise als Einzellast annehmen wollen. Für diesen Fall gilt ohne Berücksichtigung der Tangentialkraft T

$$M = N \cdot \frac{L}{8}$$

Setzen wir die Werte N = 35 kg und L = 180 cm in die Gleichung ein, so wird M = 780 kgcm. Bei L ist ein Zuschlag für die Angel von 20 cm gemacht. Nun ist die größte maximale Spannung

$$\sigma = \frac{M}{W}$$

worin

$$W = \frac{s \cdot b^2}{6} = \frac{0,2 \cdot 14^2}{6} \quad (cm^3)$$

ist. Nach Einsetzen der Werte für M und W ergibt sich $\sigma = 1,2$ kg/mm^2. Vergleicht man diesen für den ungünstigsten Fall errechneten Wert der durch die Normalkraft hervorgerufenen Spannung mit dem durch die Zugkraft hervorgerufenen (der 10 ... 30 kg/mm^2 betragen kann), so handelt es sich nur etwa um den 10. Teil. Die Spannung durch die Normalkraft wirkt entgegengesetzt wie die Biegespannung, die durch die Zugkraft erzeugt wird.

Einfluß der Temperatur

Nach THUNELL kann man im Durchschnitt mit einer Temperatur von etwa 80 °C im mittleren Teil des Blattes rechnen. Dabei liegt die Temperatur der Zahnzone um etwa 15 °C höher als die der Rückenzone. Diese ungleiche Temperaturverteilung bewirkt, daß sich die Zahnzone beim Schneiden stärker längt als die Rückenzone. Das bedeutet, daß die Spannungsverteilung bei in der Mittelzone gespanntem Sägeblatt den Diagrammen der Abbildungen 27 und 29 entsprechend dem jeweiligen Temperaturzustand nahe kommt. Wie weit der Spannungszustand sich ändert, müßte noch durch Schnittversuche nachgewiesen werden.

IV. Vergleichsuntersuchungen

1. Untersuchungen mit dem Tastdehnungsmesser

Zur Erhärtung des auf Grund von Rechnung und Messungen mit Dehnungsmeßstreifen gefundenen Spannungsverlaufes wurden Untersuchungen mit dem Tastdehnungsmesser ausgeführt, der die Möglichkeit bietet, an beliebigen Stellen auf verhältnismäßig einfache Weise die Streckung bzw. Dehnung in verschiedenen Richtungen zu bestimmen.

Die Empfindlichkeit und Genauigkeit dieser Methode ist zwar erheblich geringer als mit Dehnungsmeßstreifen, jedoch für die vorliegende Aufgabe

Abbildung 31
Tastdehnungsmesser mit Haftmagnet und Anzeigegerät
(Gattersägeblatt der Fa. Hermann Röntgen, Remscheid)

ausreichend. Um auch bei geringen Zugkräften am Sägeblatt Messungen durchführen zu können, wurde der Geber nicht wie üblich von Hand auf die Meßstelle aufgesetzt, sondern durch einen Haftmagneten auf dem Sägeblatt befestigt (Abb. 31). Die Meßstrecke beträgt 5 mm. Die zugehörige Streckung kann in μ an dem Ablesegerät ermittelt werden.

Die Meßergebnisse sind für das ohne Vorhang eingespannte Sägeblatt Nr. 52 in Abbildung 32, für das mit 20 mm Überhang eingespannte Blatt in Abbildung 33 dargestellt, und zwar in 7 verschiedenen Zonen bzw. Linien senkrecht zur Rückenkante, deren Abstände von der unteren Kopfkante des Sägeblattes im Diagramm eingetragen wurde. Die Zugkraft beträgt 4 t. Wie ersichtlich, steigt die Spannung am unteren Blattkopf von der Rückenkante zur Zahnzone etwa auf das Doppelte an. In den mittleren Zonen verläuft der Anstieg flacher. Am oberen Kopfende wurde eine geringere Maximalspannung als am unteren festgestellt, deren Lage von der Größe des Überhanges abhängt und im ungünstigsten Falle in der Rückenkante liegen kann. Bei demselben Sägeblatt, jedoch mit 20 mm Überhang, verläuft die Spannung am oberen Kopfende ähnlich wie die Spannung am unteren Kopfende beim nicht mit Überhang eingespannten Sägeblatt.

Bei dem Sägeblatt Nr. 23 wurde die Zweiloch-Nietangel mit verschieden grossen Überhang eingesetzt. In Abbildung 34 a sind die Spannungen für einen Überhang von 10 mm und in Abbildung 34 b für 40 mm bei einer Zugkraft von 4 t dargestellt. Da die Hauptspannungen bei außermittiger Kraftwirkungslinie nicht parallel zur Blattmittellinie verlaufen, wurden an mehreren Stellen Messungen in verschiedenen Richtungen durchgeführt. In den für die Betrachtung des Spannungszustandes interessanten Zonen, insbesondere in den Randzonen, weicht die Richtung der Hauptspannungen bis zu 20° ab. Ihre Größe ist jedoch fast dieselbe wie die der Spannung parallel zur Blattmittellinie. Somit können die Messungen grundsätzlich der Einfachheit halber parallel zur Mittellinie des Sägeblattes durchgeführt werden, ohne daß das Spannungsbild durch diese nicht ganz korrekte Durchführung der Messungen beeinträchtigt wird. Die mit Dehnungsmeßstreifen ermittelten Werte sind ebenfalls in die Abbildungen 32 ... 34 gestrichelt eingetragen.

Die Abweichung der beiden Verfahren beträgt 5 ... 25 %, im Durchschnitt 15 %.

Forschungsberichte des Wirtschafts- und Verkehrsministeriums Nordrhein-Westfalen

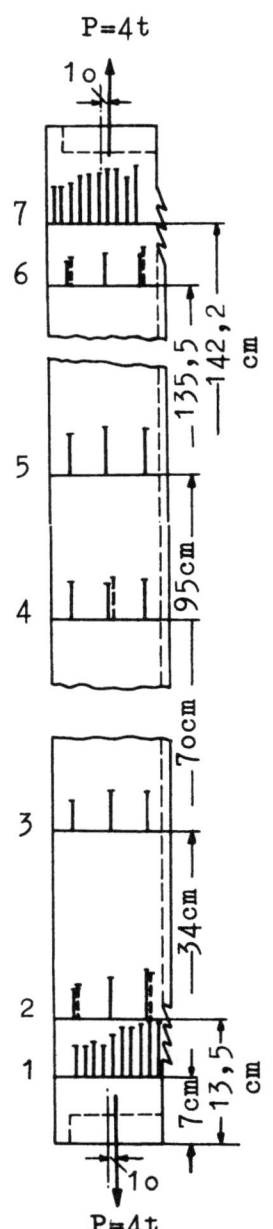

A b b i l d u n g   32
ohne Überhang

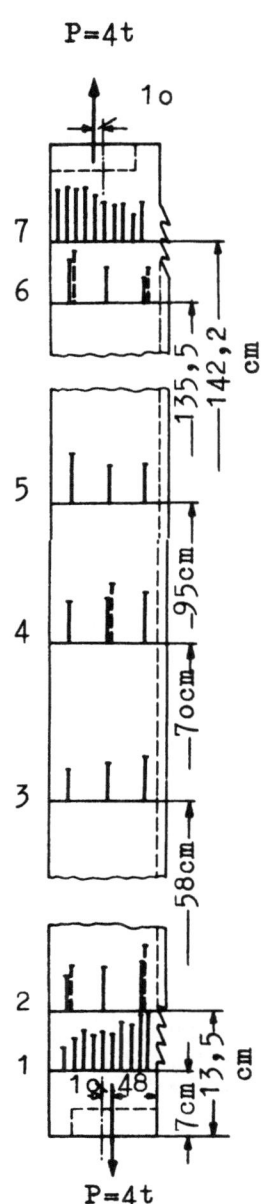

A b b i l d u n g   33
2o mm Überhang

A b b i l d u n g   32 und 33
Spannungsdiagramme eines beleisteten Sägeblattes
Nicht dimensionierte Maßzahlen in (mm)

Am unteren Kopfende ist die Spannung in der Mittelzone etwa 2 mal so groß wie in der Rückenzone, während sie in der Zahnzone nur um 5o % größer ist gegenüber der Rückenzone.

Seite 45

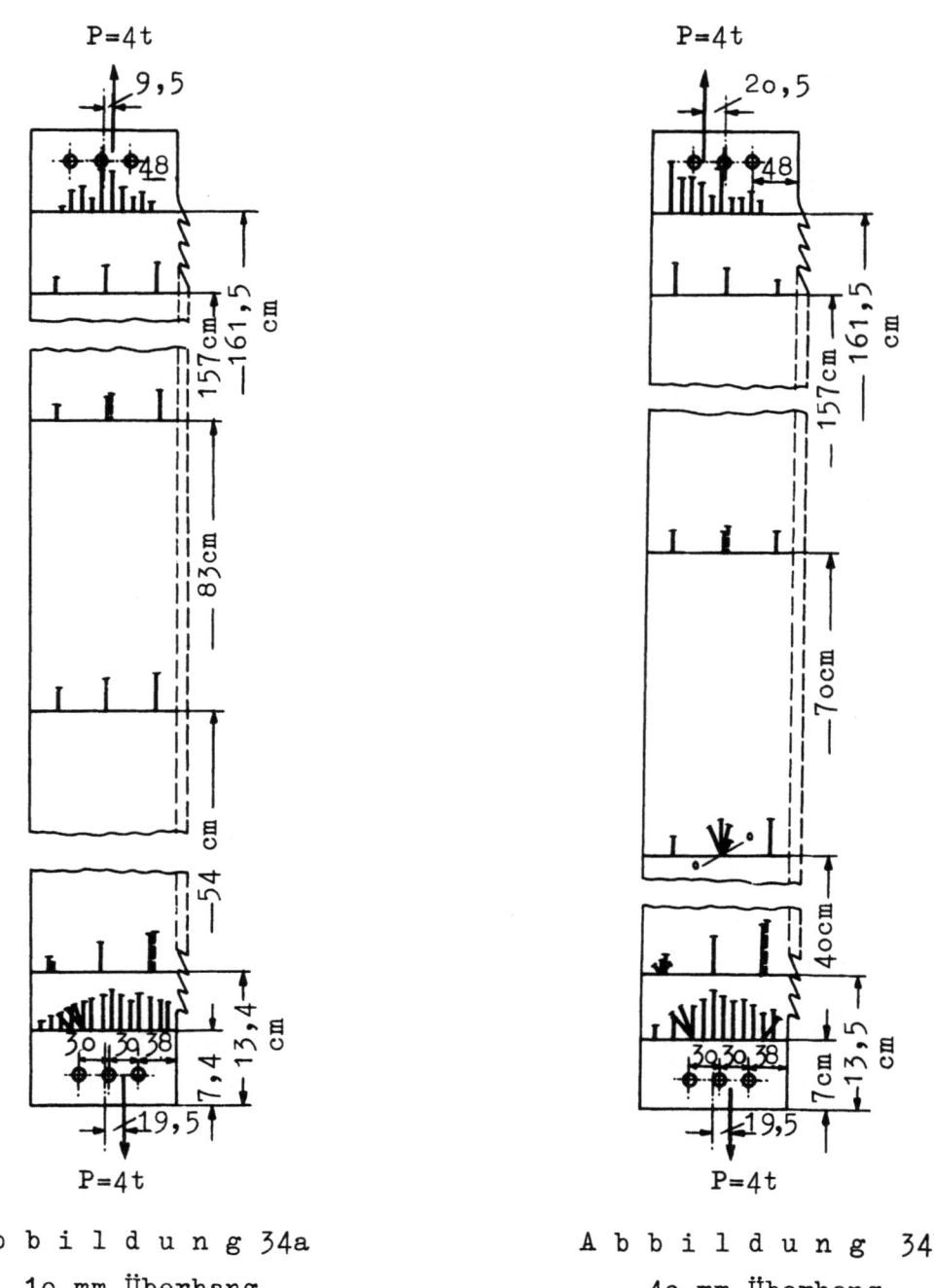

Abbildung 34a
10 mm Überhang

Abbildung 34b
40 mm Überhang

Abbildung 34

Spannungsdiagramm eines Sägeblattes mit 3 Nietlöchern für eine
Zweiloch-Nietangel. Nicht dimensionierte Maßzahlen in (mm)

2. Spannungsoptisches Verfahren

Durch die spannungsoptische Methode, die als bekannt vorausgesetzt wird
(vergl. Forschungsbericht Nr. 73), läßt sich der Spannungsverlauf im

Abbildung 35
Spannungsoptische Apparatur mit einem Gattersägemodell

ganzen Sägeblatt bei verschiedenartiger Einspannung, Beanspruchung und Lage für die Zugkraft ermitteln.

Abbildung 35 zeigt die spannungsoptische Apparatur mit einem Gattersägeblattmodell aus dem Material VP 1527 der Fa. Dynamit AG, Troisdorf. Wie ersichtlich, ist das Modell im unbelasteten Zustand dunkel, d.h. es weist keinerlei innere Spannungen auf. Die Spannungsoptische Konstante S des Modellwerkstoffes wurde durch einen Eichversuch in üblicher Weise bestimmt. Abbildung 36a zeigt die Apparatur mit Eicheinrichtung für reine Biegebeanspruchung, Abbildung 36b ein vergrößertes Bild des Eichmodelles mit den Isochromaten. Nach der Spannungsoptischen Hauptgleichung ergibt sich die spannungsoptische Konstante zu

$$S = \frac{\sigma_1 - \sigma_2}{n} \cdot d = \frac{\sigma_1 - \sigma_2}{\frac{z}{2}} \cdot d = \frac{M \cdot 12}{z \cdot h^2} \cdot d$$

Hierin ist z die Anzahl der Isochromatenabstände über die ganze Höhe des Biegestabes. Der Eichversuch wurde für das Biegemoment M = 80 kgcm und die Dicke = 1 cm bei einer Höhe h = 2 cm durchgeführt. Aus der Abbildung 36 b entnimmt man z = 11,5; somit wird

$$S = \frac{240}{z} = 21,8 \frac{kg/cm^2}{Ordnung} \cdot cm$$

Forschungsberichte des Wirtschafts- und Verkehrsministeriums Nordrhein-Westfalen

Abbildung 36a
Spannungsoptische Apparatur mit Eichvorrichtung

Abbildung 36b
Eichstab

Die spannungsoptische Konstante S wurde bei Natriumlicht festgestellt, bei dem auch die weiteren Untersuchungen durchgeführt wurden. Als Ersatz für die Beleistung war das Sägeblattmodell am oberen Kopfende auf beiden flachen Seiten mit einer halbkreisförmigen Nut versehen (Abb. 37). Die Zugkraft wurde über einen auf dem Bolzen B_1 verstellbaren Haken über die Laschen L, die Bolzenpaare B und die verstellbaren Hülsen H_1 und H_2 auf die Hohlnut des Sägeblattes übertragen. Am unteren Kopfende entspricht die Anfassung einer Zweiloch-Nietangel. Die Abmessungen des Modelles waren einem Sägeblatt im Verkleinerungsmaßstab 1:10 nachgebildet. Die Anzahl der Zähne wurde gegenüber dem Original verringert, die Länge um etwa 20 % verkürzt. Diese Abänderungen haben auf die grundsätzliche Spannungsverteilung keinen Einfluß.

Abbildung 38 zeigt den Spannungszustand ohne Überhang bei außermittigem Kraftangriff. Der Abstand der Kraftwirkungslinie von der Blattmittellinie

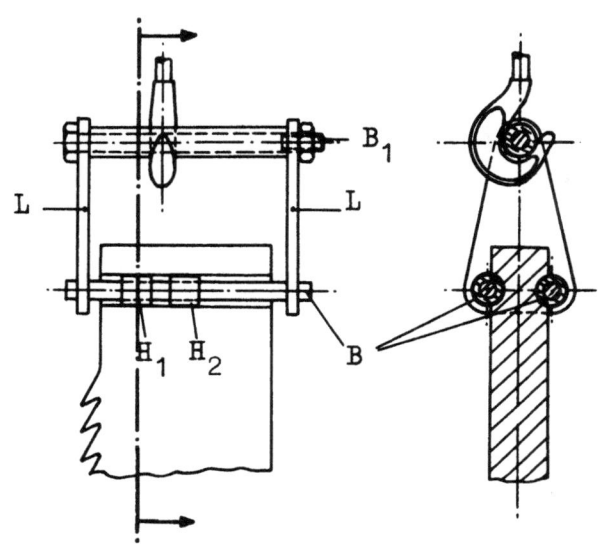

Abbildung 37

Verstellbare Angel für Modellversuche

beträgt etwa $p = \frac{e}{4}$, die Ordnungszahl an der Rückenkante etwa 0,3 und in der Zahngrundlinie 1,5; somit würde die maximale Zugspannung $\sigma_{res\,max}$ das 5-fache der Spannung $\sigma_{res\,min}$ in der Rückenkante betragen. Vergleicht man die Diagramme Abbildung 20 und 21, so entnimmt man für $p = \frac{e}{4}$ an der Zahngrundlinie $\sigma_{res\,max} = 18$ kg/mm^2 und an der Rückenkante $\sigma_{res\,min} = 3,5$ kg/mm^2, d.h. die Spannung in der Zahngrundlinie ist nach der Festigkeitsrechnung ebenfalls etwa das 5-fache der Spannung in der Rückenkante.

Bei mittigem Zug am oberen Kopfende (Abb. 39) ergibt sich eine gleichmäßige Spannungsverteilung im oberen Teil des Sägeblattes, während das Spannungsbild im unteren Teil des Blattes annähernd dasselbe geblieben ist, da sich hier die Beanspruchung nicht geändert hat.

In Abbildung 40 und 41 wurden die Belastungsfälle gem. Abbildung 38 und 39 wiederholt mit dem Unterschied, daß der Abstand der Hülsen H_1 und H_2 etwa verdoppelt wurde, so daß die Übertragungsstellen der Kräfte auf das Blatt in der Zahn- und Rückenzone lagen, während die Wirkungslinien der Zugkräfte in Abbildung 40 der Abbildung 38 und in Abbildung 41 der Abbildung 39 entsprechen. Im unteren und mittleren Teil der Sägeblätter ist spannungsoptisch kein nennenswerter Unterschied vorhanden. An den oberen Kopfenden ergibt sich bei großem Abstand der Kraftangriffsstellen eine günstigere Spannungsverteilung als bei kleinem Abstand, was sich auch aus Überlegungen hinsichtlich der Festigkeit ergibt.

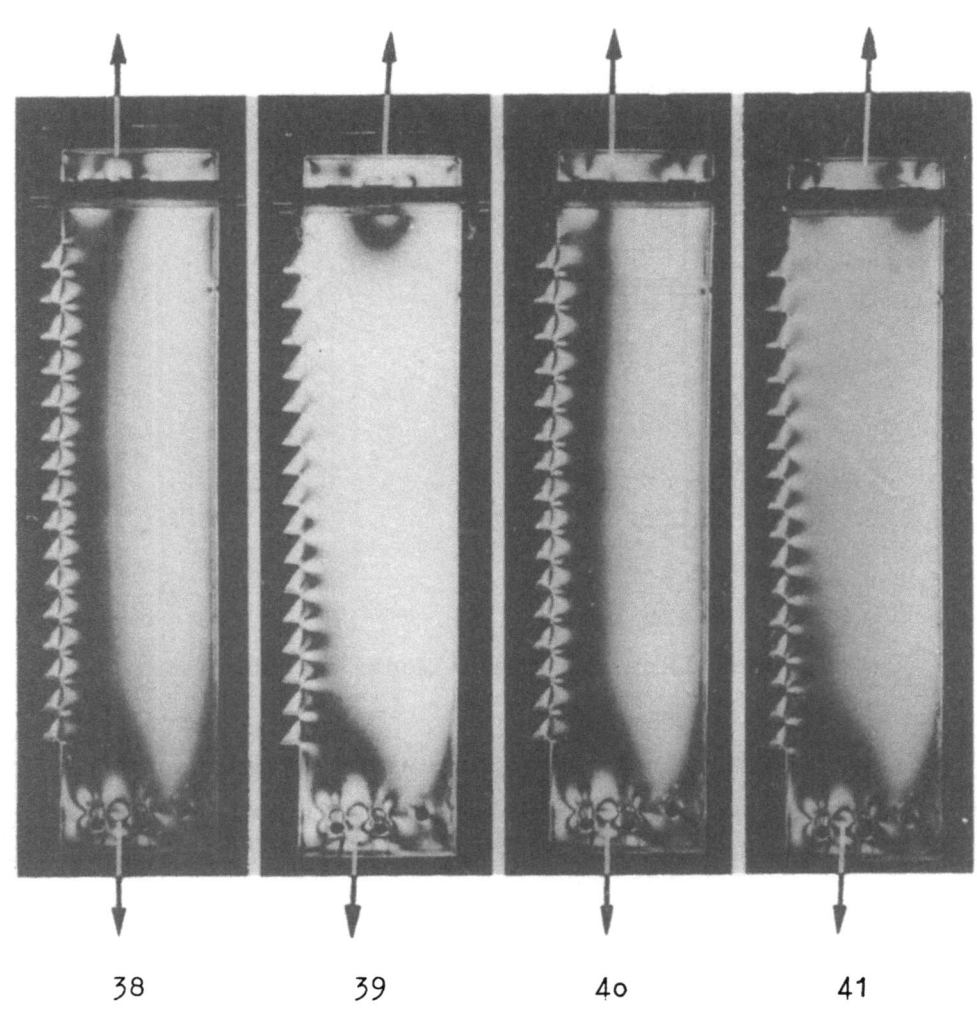

Abbildung 38 bis 41
Sägeblattmodell mit verstellbarer Angelanfassung
am oberen und mit Zweilochangel am unteren Kopfende

Abb. 38: Außermittiger Zug ohne Überhang ⎱ enger Abstand der Kraft-
Abb. 39: Zug mit Überhang ⎰ übertragungshülsen am oberen Ende

Abb. 4o: Außermittiger Zug ohne Überhang ⎱ weiterer Abstand der Kraft-
Abb. 41: Zug mit Überhang ⎰ übertragungshülsen

Die vorstehenden Betrachtungen gelten für Sägeblätter ohne innere Spannung. Um diese zu berücksichtigen, könnte man einen Spannungszustand in der Mittelzone, z.B. durch Druck, erzeugen und die Spannung einfrieren. Dies ist jedoch problematisch, da die Größe der Spannung nicht unmittelbar ermittelt werden kann. Daher wurde ein aus 3 Längsstreifen bestehendes Modell hergestellt, bei dem die gleichen Randstreifen je die halbe Breite des mittleren Streifens haben. Nach fester Einspannung beider Randstreifen in den Angeln wurde bei zunächst losem Mittelstreifen eine

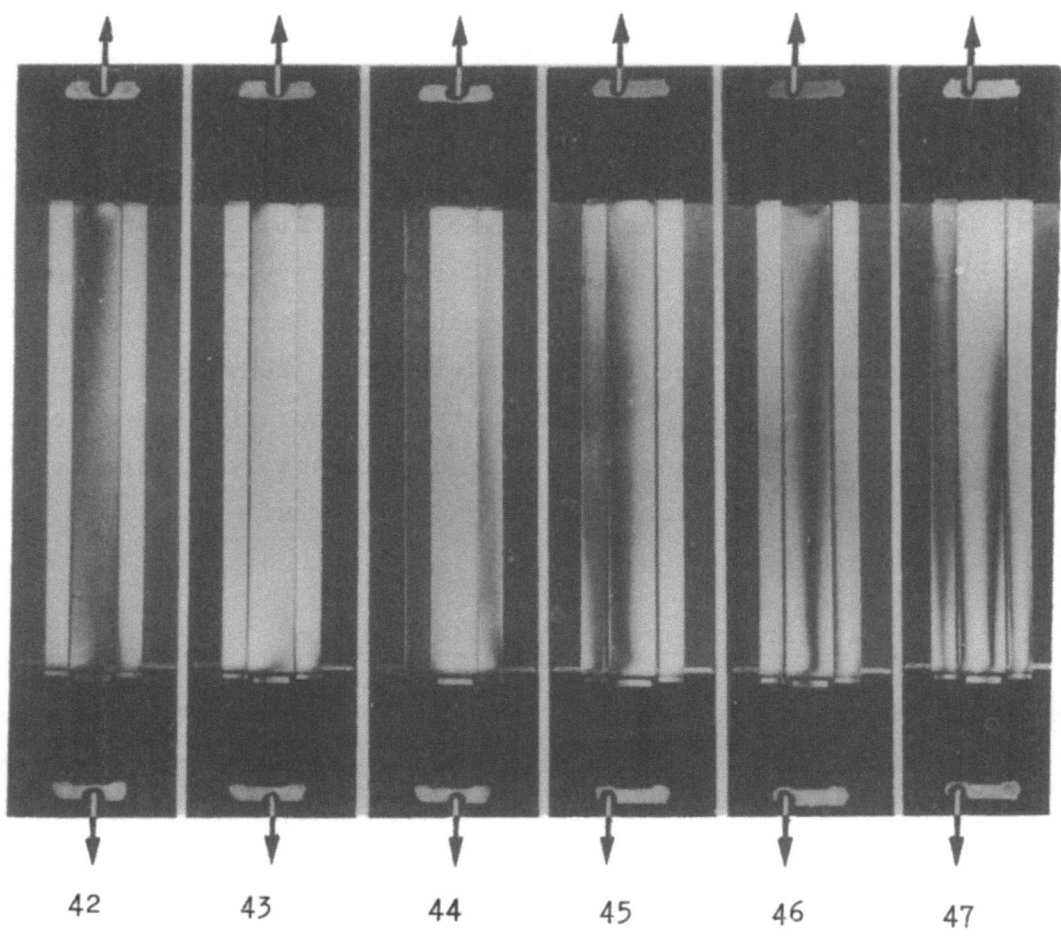

Abbildung 42 bis 47

Streifenmodell eines Gattersägeblattes mit 3 getrennten Spannungszonen

Abb. 42: Randzonen mit 30 kg Zugkraft beansprucht, Mittelzone unbeansprucht und festgeklemmt.

Abb. 43: Keine Zugbeanspruchung, gleiche innere Blattspannung, Mittelzone Druck, Randzonen Zug.

Abb. 44: Mittige Zugbeanspruchung (65 kg), Mittelzone 1/4 Ordnung, Randzonen eine bzw. 3/4 Ordnung.

Abb. 45: Außermittiger Zug mit Überhang, Zugkraft 30 kg Ordnungszahl 1 1/2 in linker Randzone.

Abb. 46: Außermittiger Zug mit Überhang, Zugkraft 45 kg, Ordnungszahl 1/4.

Abb. 47: Außermittiger Zug mit Überhang, Zugkraft 65 kg

Zugkraft angebracht und die beiden Randstreifen gespannt. Die Ordnungszahl betrug etwa 0,8. Nunmehr wurde in diesem Zustand auch der mittlere Streifen fest eingespannt, der zunächst keine Spannung hatte (Abb. 42). Wird die Zugkraft weggenommen, so ziehen sich die beiden Randstreifen zusammen und erteilen dem Mittelstreifen eine Druckspannung, so daß sich spannungsoptisch die gleiche Ordnungszahl für die Rand- und den Mittelstreifen ergibt, allerdings mit dem Unterschied, daß der Mittelstreifen eine Druckspannung von der Ordnung o,4 und die Randstreifen die gleiche Zugspannung aufweisen (Abb. 43). Wird nun eine mittige Zugkraft aufgebracht und zwar etwa 65 kg, so erhalten wir in dem Mittelstreifen eine Zugspannung von etwa einer viertel Ordnungszahl, in den beiden Randstreifen eine Zugspannung der ersten Ordnung (Abb. 44). Bei außermittigem Zug erhöht sich die Spannung in dem einen Randstreifen, während sie in dem anderen kleiner wird (Abb. 45). Dieser Zustand entspricht einem neuen mit Überhang eingespannten Sägeblatt. Die Spannung am unteren Kopfende ist höher als am oberen. Bei weiterer Erhöhung der Zugkraft ergeben sich die Spannungszustände nach Abbildung 46 und 47.

3. Spannungen in den Nietlöchern

Es wurden 2 Blattköpfe mit einem bzw. zwei Nietlöchern untersucht. Bei gleicher Kraft erhalten wir bei dem Blattkopf mit einem Loch die doppelte Ordnungszahl (Abb. 48) wie bei zwei Löchern (Abb. 49). Im Vergleich zu der Beanspruchung im Hals ist die Beanspruchung im Nietloch bei der

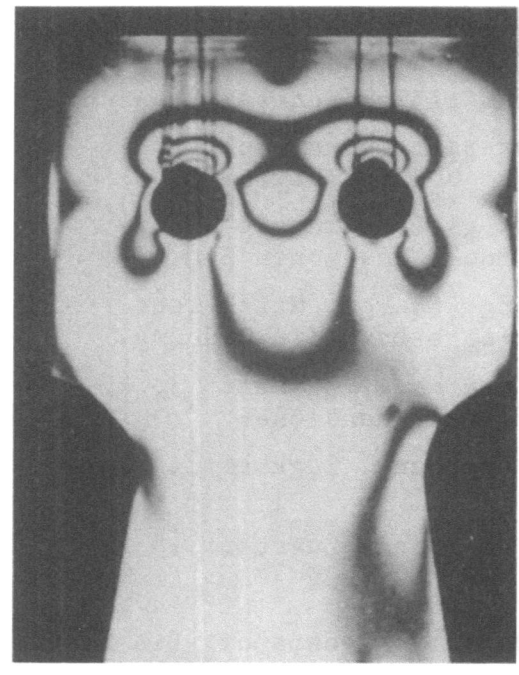 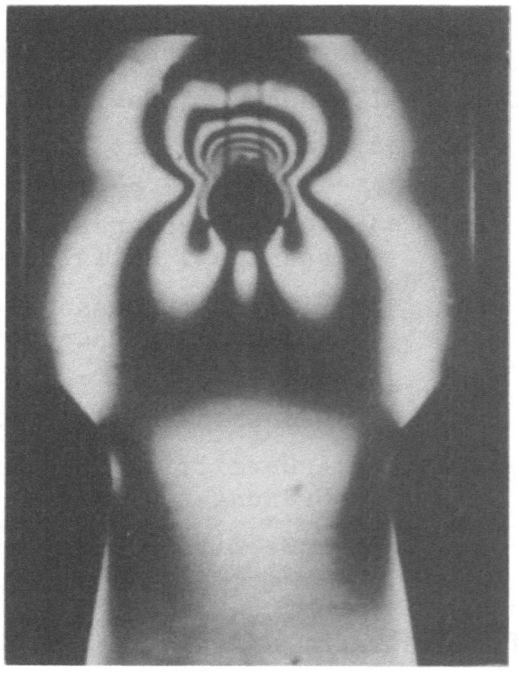

A b b i l d u n g 48 und 49
Spannungen in den Nietlöchern bei gleicher Zugkraft

Einloch-Nietangel um etwa eine Größenordnung, bei der Zweiloch-Nietangel um etwa 1/2 Größenordnung höher. Eine derartige Beanspruchung ist unzulässig hoch. Die Nachrechnung ergibt bei einer Zugkraft von 3 t, einem Nietloch-Durchmesser von 12 mm und einer Blattdicke von 2 mm, daß die Flächenpressung 125 kg/mm^2 beträgt, wobei der günstigste Fall angenommen ist, nämlich daß die Projektion des tragenden Halbzylinders gleichmäßig beansprucht wird.

Dies ist aber nur der Fall, wenn zwischen Niet und Nietloch kein Spiel vorhanden ist, bzw. wenn der Nietbolzen sich soweit deformiert hat, daß der Halbzylinder zum Tragen kommt. Bei hartem Bolzen findet jedoch die Berührung nur in einer verhältnismäßig kleinen Fläche statt, daher ergibt sich die hohe Flächenpressung.

4. Reißlackversuche

Abbildung 5o zeigt eine Aufnahme des mittleren Bereiches eines mittig auf Zug beanspruchten Sägeblattes. Die Rißlinien verlaufen senkrecht zur Mittellinie und verdichten sich am Zahngrund. In Abbildung 51 wurde an einem kurzen Blattabschnitt ein übertrieben starker Überhang eingestellt. Die

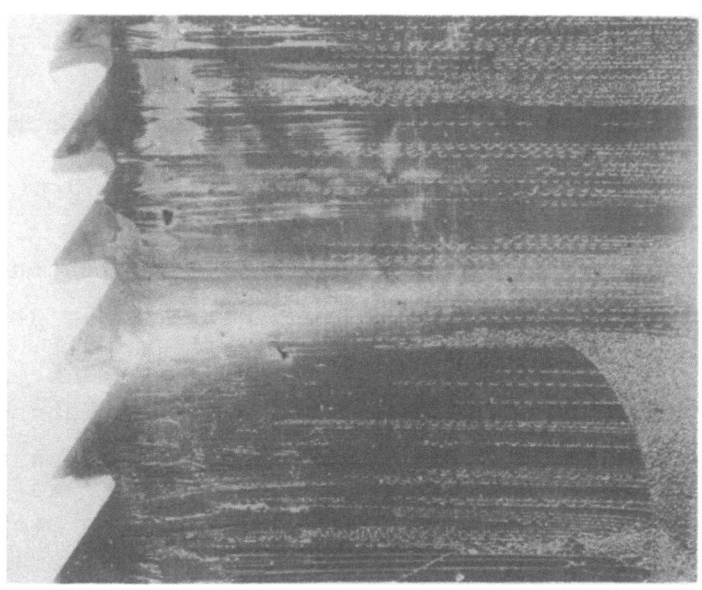

A b b i l d u n g 5o
Reißlackaufnahme von einem mittig auf Zug
beanspruchten Gattersägeblatt

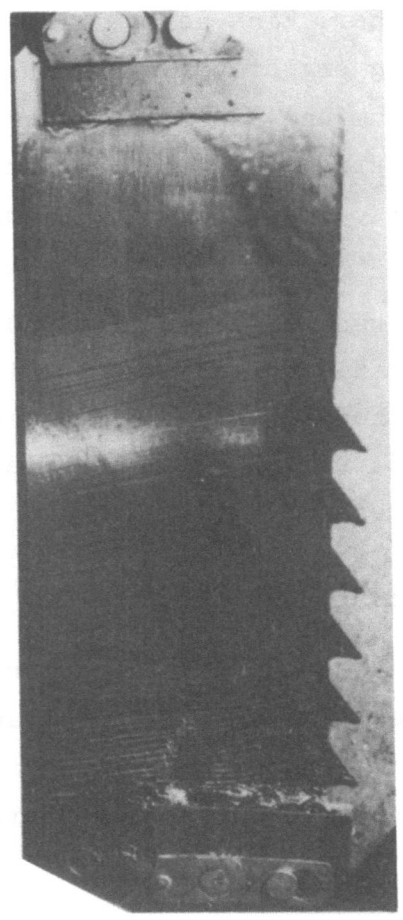

Abbildung 51
Reißlackaufnahme von einem Gattersägeblattabschnitt
bei starkem Überhang

Kraftwirkungslinie verläuft zwischen den beiden Kopfenden schräg durch das Blatt. Die Rißlinien sind entsprechend geneigt. In Abbildung 52 wurden verschiedene Blattabschnitte mit geradem und schrägem Zug in der Zahn- bzw. Mittelzone beansprucht. Erfolgt der Zug in der Zahnzone (Abb. 52a), so beginnen die Spannungsrisse bei einer Zugkraft zunächst am Zahngrund.

Wird die Zugkraft auf 2,5 t gesteigert, so verlängern sich die Risse, außerdem treten neue auf. In Abbildung 52b erfolgte der Zug schräg durch den Blattabschnitt. Dieses Blatt war auch an den Einspannungen mit Reißlack überzogen, so daß die Spannungen in der Nähe der Einspannstellen sichtbar gemacht werden konnten. Es fällt besonders die hohe Zahl der Spannungsrisse zwischen den beiden schwarz ausgelegten Nietlöchern auf,

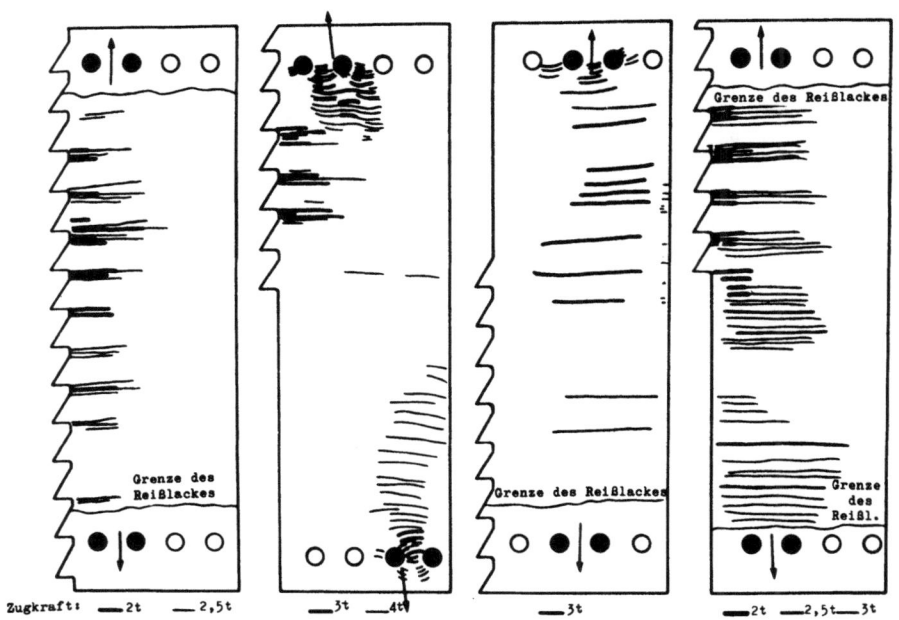

Abbildung 52

Reißlackaufnahmen an Gattersägeblattabschnitten bei
verschiedenem Überhang

in denen die Angel befestigt war. In der mittleren Blattzone entstanden keine Risse. In Abbildung 52c erfolgte der Zug in der Blattmitte. Dementsprechend entstanden nur in der Mittelzone des Sägeblattabschnittes Spannungsrisse. Abbildung 52d ist eine Bestätigung des Belastungsfalles gem. Abbildung 52a.

V. Beispiel aus der Praxis

Die in den vorhergehenden Abschnitten durchgeführten Berechnungen und Untersuchungen werden durch die Erfahrungen in den Sägewerksbetrieben bestätigt. Abbildung 53a zeigt ein Gattersägeblatt mit einem Nietloch, das beim Sägen auseinanderriß. Das Blatt war mehrfach nachgeschärft, so daß die Blattbreite im Endzustand nur etwa 70 % der Blattbreite des neuen Zustandes betrug, bei dem die Kraftwirkungslinie praktisch mit der Blattmittellinie zusammenfiel, während im Endzustand sich zwischen der Kraftwirkungslinie und der Mittellinie des verschlissenen Blattes (Abb. 53b) der Abstand p' ca $\frac{e'}{2}$ ergibt. Für diese Außermittigkeit entnimmt man aus Abbildung 20 für $\frac{e'}{2} = \frac{e}{2}$ die etwa 2,5-fache Spannung in der Zahngrundlinie gegenüber der Spannung im neuen Zustand. In der Rückenkante herrscht

 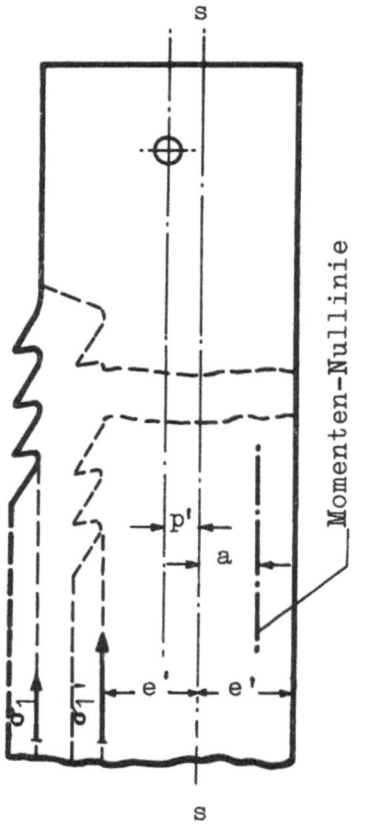

Abbildung 53a
Verschlissenes, gerissenes Sägeblatt
mit Spannungsrissen im Zahngrund

Abbildung 53b
Skizze zur Ermittlung der
Beanspruchung

bereits eine Druckspannung (Abb. 21), die etwa die Hälfte der Zugspannung im Anlieferungszustand beträgt. Die unzulässig hohe Spannung in der Zahngrundlinie führte wahrscheinlich zu der Zerstörung des Sägeblattes. Daß eine Überbeanspruchung durch die Außermittigkeit der Kraftwirkungslinie vorliegt, geht auch aus verschiedenen Rissen in dem mittleren Teil des Blattes hervor, auf die, da sie nur schwach zu erkennen sind, durch Pfeile hingewiesen wurde.

Hinzu kommt, daß das Nietloch stark deformiert wurde. Auch in Abbildung 54 gehen die Risse vom Zahngrund aus. Bei diesem Sägeblatt ist außerdem noch eine starke Deformation an einer Zahnspitze zu erkennen, die aber nach den bisherigen theoretischen Überlegungen und praktischen Versuchen nicht als Ursache für Risse im Zahngrund angesehen werden kann.

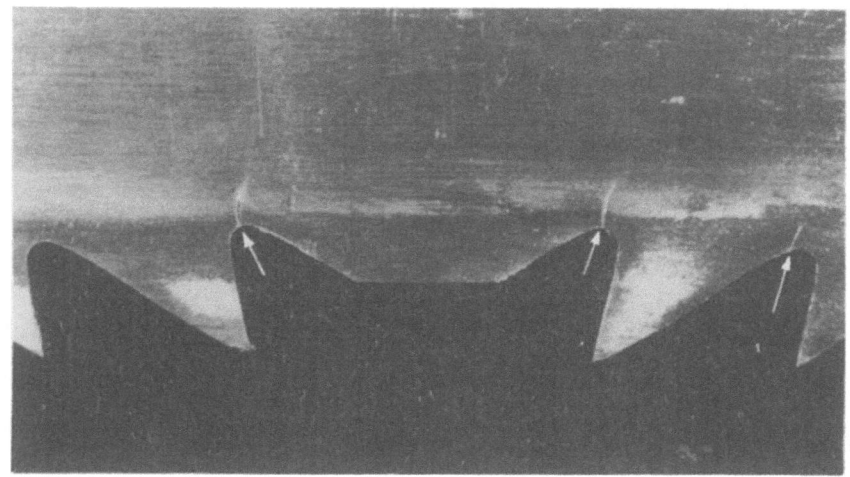

Abbildung 54
Sägeblatt mit Spannungsrissen im Zahngrund

VI. Verbesserungsmaßnahmen

1. Verschleißabhängiges Nachstellen der Angeln

Aus Abbildung 26 geht hervor, daß bei großem Lochabstand a_2 ein großer Mindestverschleiß a zugelassen werden muß. Das würde bedeuten, daß die Wirkungslinie der Zugkraft einen sehr großen Abstand von der Blattmittellinie bekommt und somit die Spannung in der Zahngrundlinie unzulässig hoch wird. Nach den bisherigen Erkenntnissen ist der Spannungsverlauf bzw. die Spannungsverteilung im Blatt dann am günstigsten, wenn das Spannungsverhältnis zwischen der Zahn- und Rückenzone etwa 2/1 beträgt und auch beim Verschleiß gleich bleibt. Diese Bedingung ist streng genommen nur mit kontinuierlich verstellbarer Angel, z.B. mit der Einschubangel oder Lochangel mit engstufiger Verstellbarkeit, möglich. Bei der Zweilochangel soll der Lochabstand mit Rücksicht auf die günstige Lage der Kraftwirkungslinie möglichst klein sein. Bei der untersuchten Ausführung ist jedoch eine untere Grenze gesetzt, die etwa bei 20 mm liegt. Dabei ergibt sich der Nachteil, daß die örtliche Beanspruchung des Blattkopfes groß wird im Vergleich zum weiteren Lochabstand. Bei den bisherigen Ausführungen muß also ein Kompromiß gemacht werden. Mit Rücksicht darauf, daß die Lochangel im Bundesgebiet bevorzugt wird, erscheint es zweckmäßig, die Konstruktionen zu verbessern.

Dabei wäre folgendes zu berücksichtigen:

feinstufig veränderliche Einstellung der Angelanfassung für die Berücksichtigung des Spannungsverlaufes beim Verschleiß des Sägeblattes

Einstellmöglichkeit für den Überhang von etwa 1o bis 3o mm

Diese Forderungen berücksichtigende neu entwickelte Angeln werden z.Zt. erprobt.

Um das Verhältnis der Spannung auch bei Verschleiß konstant zu halten, muß die Angel um die Hälfte des Verschleißmaßes verschoben sein.

Es ist nach Gleichung (1o)

$$p' = p + \frac{a}{2}$$

Diese Bedingung wäre mit Einstellhebeln oder Einstellschrauben zu erreichen. Durch die verschleißabhängige Einstellvorrichtung wird die richtige Einhängung der Einschubangel auf leichte Weise gewährleistet, die einerseits eine stetige Nachstellung wegen des Verschleißes und andererseits einen beliebigen Überhang einzustellen gestattet im Gegensatz zur Zweilochangel. Hinzu kommt, daß bei der Einschubangel wegen der gleichmäßigeren Beanspruchung des Sägeblattkopfes eine größere Zugkraft aufgebracht werden kann.

2. Ausgleich der Blattdehnungen durch Temperaturerhöhungen

Beim Schneiden treten Temperaturerhöhungen auf, die im mittleren Teil des Sägeblattes 8o °C betragen können, entsprechende Ausdehnungen des Blattes hervorrufen und das Sägeblatt lockern. Es ist daher bei den einfachen Keil-, Exzenter- und Schraubangeln nach einer etwa halbstündigen Schnittdauer nachzuspannen und in den Arbeitspausen zu entspannen. Um dies zu vermeiden, werden die Sägeblätter mit dem hydraulischen Spanner also mit gleicher und gleichbleibender Zugkraft gespannt. Zu beachten ist jedoch, daß die abgenutzten, normalerweise in der Mitte befindlichen Sägeblätter, die die größte Schneidarbeit verrichten müssen, mit zu hoher Kraft gespannt werden, im Gegensatz zu den äußeren Sägeblättern, die bei einem vollen Baumstamm die Schwarten schneiden und daher leicht zum Verlaufen neigen. In dieser Hinsicht sind in Verbindung mit dem hydraulischem Spanner Verbesserungen nötig.

Eine individuelle Spannung der einzelnen Sägeblätter unter Berücksichtigung der Blattbreite ist mit dem Federkeil oder der Federangel möglich.

Diese elastischen Spannelemente gleichen bis zu einem gewissen Grade die durch Erwärmung hervorgerufene Blattdehnung aus. Alle elastischen Spanneinrichtungen sollen nach Möglichkeit am oberen Blattkopf wirksam sein. Am unteren Blattkopf wirkt einerseits die Zugkraft P, andererseits die tangentiale Schnittkraft T, d.h. die untere Angel wird mit der Kraft P' = P + T, die obere Angel dagegen mit P" = T beansprucht. Um den Betrag der Tangentialkraft T muß somit die untere Angel und auch ein in diese eingebautes Federglied stärker gespannt werden. Bei einer in der Angel befindlichen elastischen Spanneinrichtung wird das Sägeblatt unter Umständen bei starker Schnittbeanspruchung im oberen Teil locker. Damit erhöht sich die Gefahr des Verlaufens und Reißens.

VII. Zusammenfassung

In der vorliegenden Arbeit wurde die Möglichkeit einer Berechnung der Blattspannung aus der Durchbiegung aufgezeigt. Zur Ermittlung der Durchbiegung wurde ein objektives, einfaches Meßverfahren und ein Prüfverfahren zur Aufzeichnung der Durchbiegung mittels Farbwalze auf das Sägeblatt entwickelt. Beide Verfahren ermöglichen im Gegensatz zu der bisher gebräuchlichen unsicheren Gefühlsmethode eine genaue und reproduzierbare Bestimmung der Durchbiegung und somit des Richt- und Spannungszustandes von Gatter- und Bandsägeblättern.

Der Einfluß der Angelanfassung bei Gattersägen und der Zugspannung wurde sowohl rechnerisch wie durch verschiedene Meßverfahren ermittelt und folgende übereinstimmende Ergebnisse festgestellt:

1. Die maximalen Zugspannungen in der Zahnzone schwanken bei den gebräuchlichen Ausführungen der Gattersägeblätter und Angelanfassungen um das Mehrfache der bisher üblicherweise als Maß der Beanspruchung angenommenen reinen Zugspannung.

2. Die Blattspannung (Eigenspannung) wirkt sich bei einem neuen Sägeblatt und richtiger Angelanfassung günstig auf die Spannungsverteilung aus, da die zum einwandfreien Schneiden erforderlichen Spannungen in den Randzonen bei geringerer Einspannkraft (Zugkraft an der Angel) erreicht werden als bei einem Sägeblatt ohne Blattspannung. Sofern jedoch die Blattbreite durch wiederholtes Nachschärfen um so viel kleiner geworden ist, daß die Zahnung im Bereich der gespannten Mittelzone liegt, muß die Blattspannung unbedingt durch Nacharbeiten berichtigt

werden. Andernfalls ist mit einem Reißen zu rechnen. Ein Blatt ohne Eigenspannung erfordert unter gleichen Einspannbedingungen größere Einspannkraft als ein Blatt mit Eigenspannung, um gleiche Stabilität zu erzielen. Ein durch wiederholtes Nachschärfen stark abgenutztes, ungespanntes Sägeblatt ist einem abgenutzten Sägeblatt mit nichtberichtigter Eigenspannung überlegen. Der Einfluß des für den jeweiligen Vorschub richtig bemessenen Überhanges auf die Spannungen im Sägeblatt ist wesentlich kleiner als der Einfluß der durch wiederholtes Nachschärfen verringerten Blattbreite.

3. Falscher Überhang führt zu ungleichmäßigem Verschleiß des oberen oder unteren Sägeblatteiles und begünstigt in Verbindung mit häufigem Nachschärfen den Verschleiß. Ferner können unzulässig hohe Spannungen in der Zahnzone auftreten, so daß je nach dem zu groß oder zu klein bemessenen Überhang vorzeitig Risse bzw. Zerstörungen des Sägeblattes auftreten können.

4. Es ist der Nachweis erbracht worden, daß das Nachstellen der Angel jeweils entsprechend dem Maß der Abnutzung des Sägeblattes feinstufig, nach Möglichkeit stetig, erfolgen muß, um eine Überbeanspruchung vornehmlich in der Zahnzone und damit die Gefahr des Reißens zu verringern.

5. Unter Berücksichtigung der Blattabmessung und der durch die Angelanfassung gegebenen Wirkungslinie für die Zugkraft wurde eine Rechentafel entwickelt, die bei Mehrlochsägeblättern die Möglichkeit bietet, den günstigsten Zeitpunkt für das Umhängen der Angel zu bestimmen.

6. Die tangentiale Komponente der Schnittkraft wirkt sich bei normalen Schnittverhältnissen, d.h. ohne Verklemmungen, auf die Blattspannung nur unmerklich aus. Die Normalkraft, das ist die senkrecht zur Zahnlinie wirkende, hauptsächlich durch den Vorschub hervorgerufene Komponenete, verringert das durch außermittigen Angriff der Zugkraft hervorgerufene Biegemoment bei einem richtig eingespannten Sägeblatt.

7. Bei Lochangeln sind die Lochpressungen zum Teil unzulässig hoch. Bei großem Vorschub und großer Einspannkraft sowie bei dünnen Sägeblättern ist dem beleisteten Sägeblatt aus Festigkeitsgründen vor dem gelochten der Vorzug zu geben.

Die rechnerischen Ergebnisse wurden durch Untersuchungen an einem Gattersägeprüfgestell mit Dehnungsmeßstreifen, Tastdehnungsmesser und dem Reißlackverfahren bestätigt. Zugleich wurde der Spannungsverlauf mit dem spannungsoptischen Verfahren für verschiedene Fälle zur Angelanfassung und des Angriffspunktes der Zugkraft gezeigt. Auch dieses Verfahren bestätigte die durch Rechnung gewonnenen Ergebnisse.

Die aus vorstehenden Erkenntnissen zu ziehenden Folgerungen lassen sich bei der Fertigung der Sägeblätter und Angeln sowie beim Gebrauch der Gattersägeblätter in Sägewerken zur Erzielung höherer Standzeiten und besserer Schnitteigenschaften verwerten. Außerdem führen sie zu neuen verbesserten Konstruktionen für die Angelanfassung im Zusammenhang mit dem Gatter.

                                      Dr.-Ing. Eginhard BARZ, Remscheid

Forschungsberichte des Wirtschafts- und Verkehrsministeriums Nordrhein-Westfalen

VIII. Literaturverzeichnis

1. Arbeitsgemeinschaft f. praktische Dehnungsmessung — Eigenschaften und Anwendung vom Dehnungsmeßstreifen. Forschungsbericht d. Wirtschafts- u. Verkehrsmin. Nordrhein-Westfalen Nr. 44

2. BARZ, Eginhard; Verein zur Förderung von Forschungs- u. Entwicklungsarbeiten in der Werkzeugindustrie e.V. Remscheid — Fehler- u. Spannungsuntersuchungen an Kreissägeblättern f. Holz; Meßverfahren f.d. Richzustand u. Spannungszustand. Forschungsbericht d. Wirtschafts- u. Verkehrsmin. Nordrhein-Westfalen Nr. 51

3. DOMINICUS, Max — Handbuch über Sägen. IMO-Großdruckerei, Wuppertal-Barmen, 1941

4. FENZL, F. — Warum Gattersäge? Zum Andenken an Oskar Biermann. Sonderdruck aus der Fachzeitschrift: Sägewerk, holzverarbeitende Industrie u. Holzwirtschaft (Wien) 3 (1949) H. 3 (März) S. 13/18 A4

5. FÖPPL, August — Vorlesungen über technische Mechanik 5. Band: Die wichtigsten Lehren der höheren Elastizitätstheorie: 16, S. 85/89: Die rotierende Scheibe. B.G. Teubner, Leipzig und Berlin 1922

6. KIVIMAA, Eero — Die Schnittkraft in der Holzbearbeitung Holz als Roh- u. Werkstoff, 1o. Jg., Heft 3, März 1952, S. 94/1o8

7. KIVIMAA, Eero — Was ist die Abstumpfung der Holzbearbeitungswerkzeuge? Holz als Roh- u. Werkstoff, 1o. Jg., Heft 11, November 1952, S. 425/428

8. KOLLMANN, Franz — Das Spannen von Gattersägeblättern, insbesondere mit hydraulischen Spannvorrichtungen. Holz als Roh- u. Werkstoff, 11 Lg., Heft 4, April 1953, S. 156/161

9. MARSCHNER, Hugo — Die Berechnung der Einspannkraft von Gattersägen. Holz als Roh- u. Werkstoff, 5. Jg., Heft 12, Dezember 1942, S. 427/429

10. LEVERINGHAUS, R.W. Sägenstähle. Werkstoffhandbuch Stahl und Eisen. Verlag Stahleisen GmbH, 1937 A.P 71-1 bis 71-4

11. SCHMALTZ, G. Die amerikanischen Methoden zur Behandlung der Bandsägeblätter und ihre elastizitätstheoretische Begründung. Z. VDI 71 (1927) S. 1645 bis 1653

12. THUM, A. und O. SVENSON Mehrfache Kerbwirkung. Z. VDI Bd. 92, Nr. 1o, 1. April 195o, S. 225/23o

13. THUNELL, Bertil Fortschritte bei der Zerspanungsforschung von Holz. Holz, Berlin 1951, Heft 1, S. 11/2o

14. THUNELL, B. und R. HILTSCHER Die Beanspruchung von Gattersägeblättern im Betrieb. Holz als Roh- u. Werkstoff, 9. Jg., Heft 6 Juni 1951, S. 232/242

15. WEBER, C. Über die Spannungserhöhung durch kreisförmige Löcher in einem gezogenen Blech. ZAMM, Bd. 2 (1922) S. 185/187

FORSCHUNGSBERICHTE DES WIRTSCHAFTS- UND VERKEHRSMINISTERIUMS NORDRHEIN-WESTFALEN

Herausgegeben von Staatssekretär Prof. Leo Brandt

HEFT 1
Prof. Dr.-Ing. E. Flegler, Aachen
Untersuchungen oxydischer Ferromagnet-Werkstoffe
1952, 20 Seiten, DM 6,75

HEFT 2
Prof. Dr. W. Fuchs, Aachen
Untersuchungen über absatzfreie Teeröle
1952, 32 Seiten, 5 Abb., 6 Tabellen, DM 10,—

HEFT 3
Techn.-Wissenschaftl. Büro für die Bastfaserindustrie, Bielefeld
Untersuchungsarbeiten zur Verbesserung des Leinenwebstuhls
1952, 44 Seiten, 7 Abb., 3 Tabellen, DM 12,50

HEFT 4
Prof. Dr. E. A. Müller und Dipl.-Ing. H. Spitzer, Dortmund
Untersuchungen über die Hitzebelastung in Hüttebetrieben
1952, 28 Seiten, 5 Abb., 1 Tabelle, DM 9,—

HEFT 5
Dipl.-Ing. W. Fister, Aachen
Prüfstand der Turbinenuntersuchungen
1952, 40 Seiten, 30 Abb., 3 Schaltbilder, DM 1,—

HEFT 6
Prof. Dr. W. Fuchs, Aachen
Untersuchungen über die Zusammensetzung und Verwendbarkeit von Schwelteerfraktionen
1952, 36 Seiten, DM 10.50

HEFT 7
Prof. Dr. W. Fuchs, Aachen
Untersuchungen über emsländisches Petrolatum
1952, 36 Seiten, 1 Abb., 17 Tabellen, DM 10,50

HEFT 8
M. E. Meffert und H. Stratmann, Essen
Algen-Großkulturen im Sommer 1951
1953, 52 Seiten, 4 Abb., 20 Tabellen, DM 9,75

HEFT 9
Techn.-Wissenschaftl. Büro für die Bastfaserindustrie, Bielefeld
Untersuchungen über die zweckmäßige Wicklungsart von Leinengarnkreuzspulen unter Berücksichtigung der Anwendung hoher Geschwindigkeiten des Garnes
Vorversuche für Zetteln und Schären von Leinengarnen auf Hochleistungsmaschinen
1952, 48 Seiten, 7 Abb., 7 Tabellen, DM 9,25

HEFT 10
Prof. Dr. W. Vogel, Köln
„Das Streifenpaar" als neues System zur mechanischen Vergrößerung kleiner Verschiebungen und seine technischen Anwendungsmöglichkeiten
1953, 20 Seiten, 6 Abb., DM 4,50

HEFT 11
Laboratorium für Werkzeugmaschinen und Betriebslehre, Technische Hochschule Aachen
1. Untersuchungen über Metallbearbeitung im Fräsvorgang mit Hartmetallwerkzeugen und negativem Spanwinkel
2. Weiterentwicklung des Schleifverfahrens für die Herstellung von Präzisionswerkstücken unter Vermeidung hoher Temperaturen
3. Untersuchung von Oberflächenveredlungsverfahren zur Steigerung der Belastbarkeit hochbeanspruchter Bauteile
1953, 80 Seiten, 61 Abb., DM 15,75

HEFT 12
Elektrowärme-Institut, Langenberg (Rhld.)
Induktive Erwärmung mit Netzfrequenz
1952, 22 Seiten 6 Abb., DM 5,20

HEFT 13
Techn.-Wissenschaftl. Büro für die Bastfaserindustrie, Bielefeld
Das Naßspinnen von Bastfasergarnen mit chemischen Zusätzen zum Spinnbad
1953, 52 Seiten, 4 Abb., 19 Tabellen, DM 10,—

HEFT 14
Forschungsstelle für Acetylen, Dortmund
Untersuchungen über Aceton als Lösungsmittel für Acetylen
1952, 64 Seiten, 10 Abb., 26 Tabellen, DM 12,25

HEFT 15
Wäschereiforschung Krefeld
Trocknen von Wäschestoffen
1953, 48 Seiten, 14 Abb., 2 Tabellen, DM 9,—

HEFT 16
Max-Planck-Institut für Kohlenforschung, Mülheim a. d. Ruhr
Arbeiten des MPI für Kohlenforschung
1953, 104 Seiten, 9 Abb., DM 17,80

HEFT 17
Ingenieurbüro Herbert Stein, M.-Gladbach
Untersuchungen der Verzugsvorgänge in den Streckwerken verschiedener Spinnereimaschinen. 1. Bericht: Vergleichende Prüfung mit verschiedenen Dickenmeßgeräten
1952, 36 Seiten, 15 Abb., DM 8,—

HEFT 18
Wäschereiforschung Krefeld
Grundlagen zur Erfassung der chemischen Schädigung beim Waschen
1953, 68 Seiten, 15 Abb., 15 Tabellen, DM 12,75

HEFT 19
Techn.-Wissenschaftl. Büro für die Bastfaserindustrie, Bielefeld
Die Auswirkung des Schlichtens von Leinengarnketten auf den Verarbeitungswirkungsgrad, sowie die Festigkeit und Dehnungsverhältnisse der Garne und Gewebe
1953, 48 Seiten, 1 Abb., 9 Tabellen, DM 9,—

HEFT 20
Techn.-Wissenschaftl. Büro für die Bastfaserindustrie, Bielefeld
Trocknung von Leinengarnen I
Vorgang und Einwirkung auf die Garnqualität
1953, 62 Seiten, 18 Abb., 5 Tabellen, DM 12,—

HEFT 21
Techn.-Wissenschaftl. Büro für die Bastfaserindustrie, Bielefeld
Trocknung von Leinengarnen II
Spulenanordnung und Luftführung beim Trocknen von Kreuzspulen
1953, 66 Seiten, 22 Abb., 9 Tabellen, DM 13,—

HEFT 22
Techn.-Wissenschaftl. Büro für die Bastfaserindustrie, Bielefeld
Die Reparaturanfälligkeit von Webstühlen
1953, 28 Seiten, 7 Abb., 5 Tabellen, DM 5,80

HEFT 23
Institut für Starkstromtechnik, Aachen
Rechnerische und experimentelle Untersuchungen zur Kenntnis der Metadyne als Umformer von konstanter Spannung auf konstanten Strom
1953, 52 Seiten, 20 Abb., 4 Tafeln, DM 9,75

HEFT 24
Institut für Starkstromtechnik, Aachen
Vergleich verschiedener Generator-Metadyne-Schaltungen in bezug auf statisches Verhalten
1952, 44 Seiten, 23 Abb., DM 8,50

HEFT 25
Gesellschaft für Kohlentechnik mbH., Dortmund-Eving
Struktur der Steinkohlen und Steinkohlen-Kokse
1953, 58 Seiten, DM 11,—

HEFT 26
Techn.-Wissenschaftl. Büro für die Bastfaserindustrie, Bielefeld
Vergleichende Untersuchungen zweier neuzeitlicher Ungleichmäßigkeitsprüfer für Bänder und Garne hinsichtlich ihrer Eignung für die Bastfaserspinnerei
1953, 64 Seiten, 30 Abb., DM 12,50

HEFT 27
Prof. Dr. E. Schratz, Münster
Untersuchungen zur Rentabilität des Arzneipflanzenanbaues Römische Kamille, Anthemis nobilis L.
1953, 16 Seiten, 1 Tabelle, DM 3,60

HEFT 28
Prof. Dr. E. Schratz, Münster
Calendula officinalis L. Studien zur Ernährung, Blütenfüllung und Rentabilität der Drogengewinnung
1953, 24 Seiten, 2 Abb., 3 Tabellen, DM 5,20

HEFT 29
Techn.-Wissenschaftl. Büro für die Bastfaserindustrie, Bielefeld
Die Ausnützung der Leinengarne in Geweben
1953, 100 Seiten, 14 Abb., 10 Tabellen, DM 17,80

HEFT 30
Gesellschaft für Kohlentechnik mbH., Dortmund-Eving
Kombinierte Entaschung und Verschwelung von Steinkohle; Aufarbeitung von Steinkohlenschlämmen zu verkokbarer oder verschwelbarer Kohle
1953, 56 Seiten, 16 Abb., 10 Tabellen, DM 10,50

HEFT 31
Dipl.-Ing. A. Stormanns, Essen
Messung des Leistungsbedarfs von Doppelsteg-Kettenförderern
1954, 54 Seiten, 18 Abb., 3 Anlagen, DM 11,—

HEFT 32
Techn.-Wissenschaftl. Büro für die Bastfaserindustrie, Bielefeld
Der Einfluß der Natriumchloridbleiche auf Qualität und Verwebbarkeit von Leinengarnen und die Eigenschaften der Leinengewebe unter besonderer Berücksichtigung des Einsatzes von Schützen- und Spulenwechselautomaten in der Leinenweberei
1953, 64 Seiten, 2 Abb., 12 Tabellen, DM 11,50

HEFT 33
Kohlenstoffbiologische Forschungsstation e. V.
Eine Methode zur Bestimmung von Schwefeldioxyd und Schwefelwasserstoff in Rauchgasen und in der Atmosphäre
1953, 32 Seiten, 8 Abb., 3 Tabellen, DM 6.50

HEFT 34
Textilforschungsanstalt Krefeld
Quellungs- und Entquellungsvorgänge bei Faserstoffen
1953, 52 Seiten, 13 Abb., 13 Tabellen, DM 9,80

WESTDEUTSCHER VERLAG · KÖLN UND OPLADEN

HEFT 35
Professor Dr. W. Kast, Krefeld
Feinstrukturuntersuchungen an künstlichen Zellulosefasern verschiedener Herstellungsverfahren.
Teil I: Der Orientierungszustand
1953, 74 Seiten, 30 Abb., 7 Tabellen, DM 13,80

HEFT 36
Forschungsinstitut der feuerfesten Industrie, Bonn
Untersuchungen über die Trocknung von Rohton
Untersuchungen über die chemische Reinigung von Silika- und Schamotte-Rohstoffen mit chlorhaltigen Gasen
1953, 60 Seiten, 5 Abb., 5 Tabellen, DM 11,—

HEFT 37
Forschungsinstitut der feuerfesten Industrie, Bonn
Untersuchungen über den Einfluß der Probenvorbereitung auf die Kaltdruckfestigkeit feuerfester Steine
1953, 40 Seiten, 2 Abb., 5 Tabellen, DM 7,80

HEFT 38
Forschungsstelle für Acetylen, Dortmund
Untersuchungen über die Trocknung von Acetylen zur Herstellung von Dissousgas
1953, 36 Seiten, 11 Abb., 3 Tabellen, DM 6,80

HEFT 39
Forschungsgesellschaft Blechverarbeitung e. V., Düsseldorf
Untersuchungen an prägegemusterten und vorgelochten Blechen
1953, 46 Seiten, 34 Abb., DM 9,50

HEFT 40
Landesgeologe Dr.-Ing. W. Wolff, Amt für Bodenforschung, Krefeld
Untersuchungen über die Anwendbarkeit geophysikalischer Verfahren zur Untersuchung von Spateisengängen im Siegerland
1953, 46 Seiten, 8 Abb., DM 8,80

HEFT 41
Techn.-Wissenschaftl. Büro für die Bastfaserindustrie, Bielefeld
Untersuchungsarbeiten zur Verbesserung des Leinenwebstuhles II
1953, 40 Seiten, 4 Abb., 5 Tabellen, DM 7,80

HEFT 42
Professor Dr. B. Helferich, Bonn
Untersuchungen über Wirkstoffe — Fermente — in der Kartoffel und die Möglichkeit ihrer Verwendung
1953, 58 Seiten, 9 Abb., DM 11,—

HEFT 43
Forschungsgesellschaft Blechverarbeitung e. V., Düsseldorf
Forschungsergebnisse über das Beizen von Blechen
1953, 48 Seiten, 38 Abb., 2 Tabellen, DM 11,30

HEFT 44
Arbeitsgemeinschaft für praktische Dehnungsmessung, Düsseldorf
Eigenschaften und Anwendungen von Dehnungsmeßstreifen
1953, 68 Seiten, 43 Abb., 2 Tabellen, DM 13,70

HEFT 45
Losenhausenwerk Düsseldorfer Maschinenbau AG., Düsseldorf
Untersuchungen von störenden Einflüssen auf die Lastgrenzenanzeige von Dauerschwingprüfmaschinen
1953, 36 Seiten, 11 Abb., 3 Tabellen, DM 7,25

HEFT 46
Prof. Dr. W. Fuchs, Aachen
Untersuchungen über die Aufbereitung von Wasser für die Dampferzeugung in Benson-Kesseln
1953, 58 Seiten, 18 Abb., 9 Tabellen, DM 11,20

HEFT 47
Prof. Dr.-Ing. K. Krekeler, Aachen
Versuche über die Anwendung der induktiven Erwärmung zum Sintern von hochschmelzenden Metallen sowie zur Anlegierung und Vergütung von aufgespritzten Metallschichten mit dem Grundwerkstoff
1954, 66 Seiten, 39 Abb., DM 13,90

HEFT 48
Max-Planck-Institut für Eisenforschung, Düsseldorf
Spektrochemische Analyse der Gefügebestandteile in Stählen nach ihrer Isolierung
1953, 38 Seiten, 8 Abb., 5 Tabellen, DM 7,80

HEFT 49
Max-Planck-Institut für Eisenforschung, Düsseldorf
Untersuchungen über Ablauf der Desoxydation und die Bildung von Einschlüssen in Stählen
1953, 52 Seiten, 19 Abb., 3 Tabellen, DM 12,40

HEFT 50
Max-Planck-Institut für Eisenforschung, Düsseldorf
Flammenspektralanalytische Untersuchung der Ferritzusammensetzung in Stählen
1953, 44 Seiten, 15 Abb., 4 Tabellen, DM 8,60

HEFT 51
Verein zur Förderung von Forschungs- und Entwicklungsarbeiten in der Werkzeugindustrie e. V., Remscheid
Untersuchungen an Kreissägeblättern für Holz, Fehler- und Spannungsprüfverfahren
1953, 50 Seiten, 23 Abb., DM 10,—

HEFT 52
Forschungsstelle für Acetylen, Dortmund
Untersuchungen über den Umsatz bei der explosiblen Zersetzung von Azetylen
a) Zersetzung von gasförmigem Azetylen
b) Zersetzung von an Silikagel adsorbiertem Azetylen
1954, 48 Seiten, 8 Abb., 10 Tabellen, DM 9,25

HEFT 53
Professor Dr.-Ing. H. Opitz, Aachen
Reibwert und Verschleißmessungen an Kunststoffgleitführungen für Werkzeugmaschinen
1954, 38 Seiten, 18 Abb., DM 8,20

HEFT 54
Professor Dr.-Ing. F. A. F. Schmidt, Aachen
Schaffung von Grundlagen für die Erhöhung der spez. Leistung und Herabsetzung des spez. Brennstoffverbrauches bei Ottomotoren mit Teilbericht über Arbeiten an einem neuen Einspritzverfahren
1954, 34 Seiten, 15 Abb., DM 7,40

HEFT 55
Forschungsgesellschaft Blechverarbeitung e. V. Düsseldorf
Chemisches Glänzen von Messing und Neusilber
1954, 50 Seiten, 21 Abb., 1 Tabelle, DM 10,20

HEFT 56
Forschungsgesellschaft Blechverarbeitung e. V., Düsseldorf
Untersuchungen über einige Probleme der Behandlung von Blechoberflächen
1954, 52 Seiten, 42 Abb., DM 11,20

HEFT 57
Prof. Dr.-Ing. F. A. F. Schmidt, Aachen
Untersuchungen zur Erforschung des Einflusses des chemischen Aufbaues des Kraftstoffes auf sein Verhalten im Motor und in Brennkammern von Gasturbinen
1954, 70 Seiten, 32 Abb., DM 14,60

HEFT 58
Gesellschaft für Kohlentechnik mbH., Dortmund
Herstellung und Untersuchung von Steinkohlenschwelteer
1954, 74 Seiten, 9 Abb., 9 Tabellen, DM 13,75

HEFT 59
Forschungsinstitut der Feuerfest-Industrie e. V., Bonn
Ein Schnellanalysenverfahren zur Bestimmung von Aluminiumoxyd, Eisenoxyd und Titanoxyd in feuerfestem Material mittels organischer Farbreagenzien auf photometrischem Wege
Untersuchungen des Alkali-Gehaltes feuerfester Stoffe mit dem Flammenphotometer nach Riehm-Lange
1954, 62 Seiten, 12 Abb., 3 Tabellen, DM 11,60

HEFT 60
Forschungsgesellschaft Blechverarbeitung e. V., Düsseldorf
Untersuchungen über das Spritzlackieren im elektrostatischen Hochspannungsfeld
1954, 82 Seiten, 53 Abb., 7 Tabellen, DM 17,—

HEFT 61
Verein zur Förderung von Forschungs- und Entwicklungsarbeiten in der Werkzeugindustrie e. V., Remscheid
Schwingungs- und Arbeitsverhalten von Kreissägeblättern für Holz
1954, 54 Seiten, 31 Abb., DM 11,40

HEFT 62
Professor Dr. W. Franz, Institut für theoretische Physik der Universität Münster
Berechnung des elektrischen Durchschlags durch feste und flüssige Isolatoren
1954, 36 Seiten, DM 7,—

HEFT 63
Textilforschungsanstalt Krefeld
Neue Methoden zur Untersuchung der Wirkungsweise von Textilhilfsmitteln
Untersuchungen über Schlichtungs- und Entschlichtungsvorgänge
1954, 34 Seiten, 1 Abb., 5 Tabellen, DM 6,80

HEFT 64
Textilforschungsanstalt Krefeld
Die Kettenlängenverteilung von hochpolymeren Faserstoffen
Über die fraktionierte Fällung von Polyamiden
1954, 44 Seiten, 13 Abb., DM 8,60

HEFT 65
Fachverband Schneidwarenindustrie, Solingen
Untersuchungen über das elektrolytische Polieren von Tafelmesserklingen aus rostfreiem Stahl
1954, 90 Seiten, 38 Abb., 9 Tabellen, DM 17,35

HEFT 66
Dr.-Ing. P. Füsgen VDI †, Düsseldorf
Untersuchungen über das Auftreten des Ratterns bei selbsthemmenden Schneckengetrieben und seine Verhütung
1954, 32 Seiten, 5 Abb., DM 6,60

HEFT 67
Heinrich Wösthoff o. H. G., Apparatebau, Bochum
Entwicklung einer chemisch-physikalischen Apparatur zur Bestimmung kleinster Kohlenoxyd-Konzentrationen
1954, 94 Seiten, 48 Abb., 2 Tabellen, DM 18,25

HEFT 68
Kohlenstoffbiologische Forschungsstation e. V., Essen
Algengroßkulturen im Sommer 1952
II. Über die unsterile Großkultur von Scenedesmus obliquus
1954, 62 Seiten, 3 Abb., 29 Tabellen, DM 11,40

HEFT 69
Wäschereiforschung Krefeld
Bestimmung des Faserabbaues bei Leinen unter besonderer Berücksichtigung der Leinengarnbleiche
1954, 48 Seiten, 15 Abb., 3 Tabellen, DM 9,60

HEFT 70
Wäschereiforschung Krefeld
Trocknen von Wäschestoffen
1954, 52 Seiten, 18 Abb., 3 Tabellen, DM 10,—

HEFT 71
Prof. Dr.-Ing. K. Leist, Aachen
Kleingasturbinen, insbesondere zum Fahrzeugantrieb
1954, 114 Seiten, 85 Abb., DM 22,—

HEFT 72
Prof. Dr.-Ing. K. Leist, Aachen
Beitrag zur Untersuchung von stehenden geraden Turbinengittern mit Hilfe von Druckverteilungsmessungen
1954, 152 Seiten, 111 Abb., DM 36,20

HEFT 73
Prof. Dr.-Ing. K. Leist, Aachen
Spannungsoptische Untersuchungen von Turbinenschaufelfüßen
1954, 66 Seiten, 46 Abb., 2 Tabellen, DM 14,60

HEFT 74
Max-Planck-Institut für Eisenforschung, Düsseldorf
Versuche zur Klärung des Umwandlungsverhaltens eines sonderkarbidbildenden Chromstahls
1954, 58 Seiten, 10 Abb., DM 14,—

HEFT 75
Max-Planck-Institut für Eisenforschung, Düsseldorf
Zeit-Temperatur-Umwandlungs-Schaubilder als Grundlage der Wärmebehandlung der Stähle
1954, 44 Seiten, 13 Abb., DM 8,70

HEFT 76
Max-Planck-Institut für Arbeitsphysiologie, Dortmund
Arbeitstechnische und arbeitsphysiologische Rationalisierung von Mauersteinen
1954, 52 Seiten, 12 Abb., 3 Tabellen, DM 10,20

HEFT 77
Meteor Apparatebau Paul Schmeck GmbH., Siegen
Entwicklung von Leuchtstoffröhren hoher Leistung
1954, 46 Seiten, 12 Abb., 2 Tabellen, DM 9,15

HEFT 78
Forschungsstelle für Acetylen, Dortmund
Über die Zustandsgleichung des gasförmigen Acetylens und das Gleichgewicht Acetylen — Aceton
1954, 42 Seiten, 3 Abb., 8 Tabellen, DM 8,—

HEFT 79
Techn.-Wissenschaftl. Büro für die Bastfaserindustrie, Bielefeld
Trocknung von Leinengarnen III
Spinnspulen- und Spinnkopstrocknung
Vorgang und Einwirkung auf die Garnqualität
1954, 74 Seiten, 18 Abb., 10 Tabellen, DM 14,—

WESTDEUTSCHER VERLAG · KÖLN UND OPLADEN

HEFT 80
Techn.-Wissenschaftl. Büro für die Bastfaserindustrie, Bielefeld
Die Verarbeitung von Leinengarn auf Webstühlen mit und ohne Oberbau
1954, 30 Seiten, 2 Abb., 2 Tabellen, DM 6,—

HEFT 81
Prüf- und Forschungsinstitut für Ziegeleierzeugnisse, Essen-Kray
Die Einführung des großformatigen Einheits-Gitterziegels im Lande Nordrhein-Westfalen
1954, 54 Seiten, 2 Abb., 2 Tabellen, DM 10,—

HEFT 82
Vereinigte Aluminium-Werke AG., Bonn
Forschungsarbeiten auf dem Gebiet der Veredelung von Aluminium-Oberflächen
1954, 46 Seiten, 34 Abb., DM 9,60

HEFT 83
Prof. Dr. S. Strugger, Münster
Über die Struktur der Proplastiden
1954, 30 Seiten, 15 Abb., DM 8,40

HEFT 84
Dr. H. Baron, Düsseldorf
Über Standardisierung von Wundtextilien
1954, 32 Seiten, DM 6,40

HEFT 85
Textilforschungsanstalt Krefeld
Physikalische Untersuchungen an Fasern, Fäden, Garnen und Geweben:
Untersuchungen am Knickscheuergerät nach Weltzien
1954, 40 Seiten, 11 Abb., 8 Tabellen, DM 10,—

HEFT 86
Prof. Dr.-Ing. H. Opitz, Aachen
Untersuchungen über das Fräsen von Baustahl sowie über den Einfluß des Gefüges auf die Zerspanbarkeit
1954, 108 Seiten, 73 Abb., 7 Tabellen, DM 22,—

HEFT 87
Gemeinschaftsausschuß Verzinken, Düsseldorf
Untersuchungen über Güte von Verzinkungen
1954, 68 Seiten, 56 Abb., 3 Tabellen, DM 15,30

HEFT 88
Gesellschaft für Kohlentechnik mbH., Dortmund-Eving
Oxydation von Steinkohle mit Salpetersäure
1954, 62 Seiten, 2 Abb., 1 Tabelle, DM 11,50

HEFT 89
Verein Deutscher Ingenieure, Gleitlagerforschung, Düsseldorf
und Prof. Dr.-Ing. G. Vogelpohl, Göttingen
Versuche mit Preßstoff-Lagern für Walzwerke
1954, 70 Seiten, 34 Abb., DM 14,10

HEFT 90
Forschungs-Institut der Feuerfest-Industrie, Bonn
Das Verhalten von Silikasteinen im Siemens-Martin-Ofengewölbe
1954, 62 Seiten, 15 Abb., 11 Tabellen, DM 11,90

HEFT 91
Forschungs-Institut der Feuerfest-Industrie, Bonn
Untersuchungen des Zusammenhangs zwischen Leistung und Kohlenverbrauch von Kammeröfen zum Brennen von feuerfesten Materialien
1954, 42 Seiten, 6 Abb., DM 8,30

HEFT 92
Techn.-Wissenschaftl. Büro für die Bastfaserindustrie, Bielefeld
und Laboratorium für textile Meßtechnik, M.-Gladbach
Messungen von Vorgängen am Webstuhl
1954, 76 Seiten, 45 Abb., DM 15,50

HEFT 93
Prof. Dr. W. Kast, Krefeld
Spinnversuche zur Strukturerfassung künstlicher Zellulosefasern
1954, 82 Seiten, 39 Abb., 6 Tabellen, DM 16,—

HEFT 94
Prof. Dr. G. Winter, Bonn
Die Heilpflanzen des MATTHIOLUS (1611) gegen Infektionen der Harnwege und Verunreinigung der Wunden bzw. zur Förderung der Wundheilung im Lichte der Antibiotikaforschung
1954, 58 Seiten, 1 Abb., 2 Tabellen, DM 11,50

HEFT 95
Prof. Dr. G. Winter, Bonn
Untersuchungen über die flüchtigen Antibiotika aus der Kapuziner- (Tropaeolum maius) und Gartenkresse (Lepidium sativum) und ihr Verhalten im menschlichen Körper bei Aufnahme von Kapuziner- bzw. Gartenkressesalat per os
1955, 74 Seiten, 9 Abb., 25 Tabellen, DM 14,—

HEFT 96
Dr.-Ing. P. Koch, Dortmund
Austritt von Exoelektronen aus Metalloberflächen unter Berücksichtigung der Verwendung des Effektes für die Materialprüfung
1954, 34 Seiten, 13 Abb., DM 7,—

HEFT 97
Ing. H. Stein, Laboratorium für textile Meßtechnik, M.-Gladbach
Untersuchung der Verzugsvorgänge an den Streckwerken verschiedener Spinnereimaschinen
2. Bericht: Ermittlung der Haft-Gleiteigenschaften von Faserbändern und Vorgarnen
1955, 98 Seiten, 54 Abb., DM 21,—

HEFT 98
Fachverband Gesenkschmieden, Hagen
Die Arbeitsgenauigkeit beim Gesenkschmieden unter Hämmern
1955, 132 Seiten, 55 Abb., 9 Tabellen, DM 24,75

HEFT 99
Prof. Dr.-Ing. G. Garbotz, Aachen
Der Kraft- und Arbeitsaufwand sowie die Leistungen beim Biegen von Bewehrungsstählen in Abhängigkeit von den Abmessungen, den Formen und der Güte der Stähle (Ermittlung von Leistungsrichtlinien)
1955, 136 Seiten, 53 Abb., 3 Anlagen, 18 Tabellen, DM 30,—

HEFT 100
Prof. Dr.-Ing. H. Opitz, Aachen
Untersuchungen von elektrischen Antrieben, Steuerungen und Regelungen an Werkzeugmaschinen
1955, 166 Seiten, 71 Abb., 3 Tabellen, DM 31,30

HEFT 101
Prof. Dr.-Ing. H. Opitz, Aachen
Wirtschaftlichkeitsbetrachtungen beim Außenrundschleifen
1955, 100 Seiten, 56 Abb., 3 Tabellen, DM 19,30

HEFT 102
Dr. P. Hölemann, Ing. R. Hasselmann und Ing. G. Dix, Dortmund
Untersuchungen über die thermische Zündung von explosiblen Acetylenzersetzungen in Kapillaren
1954, 44 Seiten, 5 Abb., 4 Tabellen, DM 8,60

HEFT 103
Prof. Dr. W. Weizel, Bonn
Durchführung von experimentellen Untersuchungen über den zeitlichen Ablauf von Funken in komprimierten Edelgasen sowie zu deren mathematischen Berechnung
1955, 46 Seiten, 12 Abb., DM 9,10

HEFT 104
Prof. Dr. W. Weizel, Bonn
Über den Einfluß der Elektroden auf die Eigenschaften von Cadmium-Sulfid-Widerstands-Photozellen
1955, 48 Seiten, 12 Abb., DM 9,45

HEFT 105
Dr.-Ing. R. Meldau, Harsewinkel/Westf.
Auswertung von Gekörn — Analysen des Musterstaubes „Flugasche Fortuna I"
1955, 42 Seiten, 14 Abb., DM 8,50

HEFT 106
ORR. Dr.-Ing. W. Küch, Dortmund
Untersuchungen über die Einwirkung von feuchtigkeitsgesättigter Luft auf die Festigkeit von Leimverbindungen
1954, 60 Seiten, 10 Abb., 6 Tabellen, DM 11,40

HEFT 107
Prof. Dr. H. Lange und Dipl.-Phys. P. St. Pütter, Köln
Über die Konstruktion von Laboratoriumsmagneten
1955, 66 Seiten, 19 Abb., 1 Tabelle, DM 12,30

HEFT 108
Prof. Dr. W. Fuchs, Aachen
Untersuchungen über neue Beizmethoden und Beizabwässer
I. Die Entzunderung von Drähten mit Natriumhydrid
II. Die Aufbereitung von Beizabwässern
1955, 82 Seiten, 15 Abb., 14 Tabellen, 1 Falttafel, DM 15,25

HEFT 109
Dr. P. Hölemann und Ing. R. Hasselmann, Dortmund
Untersuchungen über die Löslichkeit von Azetylen in verschiedenen organischen Lösungsmitteln
1954, 42 Seiten, 10 Abb., 8 Tabellen, DM 8,30

HEFT 110
Dr. P. Hölemann und Ing. R. Hasselmann, Dortmund
Untersuchungen über den Druckverlauf bei der explosiblen Zersetzung von gasförmigem Azetylen
1955, 54 Seiten, 10 Abb., 5 Tabellen, DM 11,—

HEFT 111
Fachverband Steinzeugindustrie, Köln
Die Entwicklung eines Gerätes zur Beschickung seitlicher Feuer von Steinzeug-Einzelkammeröfen mit festen Brennstoffen
1955, 46 Seiten, 16 Abb., DM 9,40

HEFT 112
Prof. Dr.-Ing. H. Opitz, Aachen
Verschleißmessungen beim Drehen mit aktivierten Hartmetallwerkzeugen
1954, 44 Seiten, 17 Abb., 6 Tabellen, DM 8,80

HEFT 113
Prof. Dr. O. Graf, Dortmund
Erforschung der geistigen Ermüdung und nervösen Belastung: Studien über die vegetative 24-Stunden-Rhythmik in Ruhe und unter Belastung
1955, 40 Seiten, 12 Abb., DM 8,20

HEFT 114
Prof. Dr. O. Graf, Dortmund
Studien über Fließarbeitsprobleme an einer praxisnahen Experimentieranlage
1954, 34 Seiten, 6 Abb., DM 7,—

HEFT 115
Prof. Dr. O. Graf, Dortmund
Studium über Arbeitspausen in Betrieben bei freier und zeitgebundener Arbeit (Fließarbeit) und ihre Auswirkung auf die Leistungsfähigkeit
1955, 50 Seiten, 13 Abb., 2 Tabellen, DM 9,80

HEFT 116
Prof. Dr.-Ing. E. Siebel und Dr.-Ing. H. Weiss, Stuttgart
Untersuchungen an einigen Problemen des Tiefziehens — I. Teil
1955, 74 Seiten, 50 Abb., 5 Tabellen, DM 14,50

HEFT 117
Dr.-Ing. H. Beißwänger, Stuttgart, und Dr.-Ing. S. Schwandt, Trier
Untersuchungen an einigen Problemen des Tiefziehens — II. Teil
1955, 92 Seiten, 34 Abb., 8 Tabellen, DM 17,70

HEFT 118
Prof. Dr. E. A. Müller und Dr. H. G. Wenzel, Dortmund
Neuartige Klima-Anlage zur Erzeugung ungleicher Luft- und Strahlungstemperaturen in einem Versuchsraum
1955, 68 Seiten, 10 z. T. mehrfarb. Abb., DM 14,—

HEFT 119
Dr.-Ing. O. Viertel, Krefeld
Wäscherei- und energietechnische Untersuchung einer Gemeinschafts-Waschanlage
1955, 50 Seiten, 18 Abb., DM 10,20

HEFT 120
Dipl.-Ing. A. Weisbecker, Lüdenscheid
Über Anfressung an Reinstaluminium-Schweißnähten bei der elektrolytischen Oxydation
Gebr. Hörstermann GmbH., Velbert
Entwicklung und Erprobung eines neuartigen Gummibandförderers
1955, 46 Seiten, 18 Abb., DM 9,70

HEFT 121
Dr. H. Krebs, Bonn
I. Die Struktur und die Eigenschaften der Halbmetalle
II. Die Bestimmung der Atomverteilung in amorphen Substanzen
III. Die chemische Bindung in anorganischen Festkörpern und das Entstehen metallischer Eigenschaften
1955, 124 Seiten, 36 Abb., 13 Tabellen, DM 22,90

HEFT 122
Prof. Dr. W. Fuchs, Aachen
Untersuchungen zur Verbesserung der Wasseraufbereitung und Wasseranalyse:
Über die Schnellbewertung von Ionenaustauscher
1955, 62 Seiten, 32 Abb., DM 12,30

HEFT 123
Dipl.-Ing. J. Emondts, Aachen
Über Bodenverformungen bei stark gestörtem und mächtigem, wasserführendem Deckgebirge im Aachener Steinkohlengebiet
1955, 196 Seiten, 37 Abb., 10 Tabellen, DM 28,80

HEFT 124
Prof. Dr. R. Seyffert, Köln
Wege und Kosten der Distribution der Hausratwaren im Lande Nordrhein-Westfalen
1955, 74 Seiten, 25 Tabellen, DM 9,—

WESTDEUTSCHER VERLAG · KÖLN UND OPLADEN

HEFT 125
Prof. Dr. E. Kappler, Münster
Eine neue Methode zur Bestimmung von Kondensations-Koeffizienten von Wasser
1955, 46 Seiten, 11 Abb., 1 Tabelle, DM 9,10

HEFT 126
Prof. Dr.-Ing. J. Mathieu, Aachen
Arbeitszeitvergleich
Grundlagen, Methodik u. praktische Durchführung
1955, 70 Seiten, DM 13,—

HEFT 127
Güteschutz Betonstein e. V., Arbeitskreis Nordrhein-Westfalen, Dortmund
Die Betonwaren-Gütesicherung im Lande Nordrhein-Westfalen
1955, 58 Seiten, 15 Abb., 3 Tabellen, DM 11,50

HEFT 128
Prof. Dr. O. Schmitz-DuMont, Bonn
Untersuchungen über Reaktionen in flüssigem Ammoniak
1955, 96 Seiten, 11 Abb., 6 Tabellen, DM 17,75

HEFT 129
Prof. Dr.-Ing. J. Mathieu und Dr. C. A. Roos, Aachen
Die Anlernung von Industriearbeitern
I. Ergebnisse einer grundsätzlichen Untersuchung der gegenwärtigen Industriearbeiter-Kurzanlernung
1955, 106 Seiten, DM 19,70

HEFT 130
Prof. Dr.-Ing. J. Mathieu und Dr. C. A. Roos, Aachen
Die Anlernung von Industriearbeitern
II. Beiträge zur Methodenfrage der Kurzanlernung
1955, 108 Seiten, DM 19,90

HEFT 131
Dr. W. Hoerburger, Köln
Versuche zur Biosynthese von Eiweiß aus Kohlenwasserstoff
1955, 34 Seiten, 2 Abb., DM 6,90

HEFT 132
Prof. Dr. W. Seith, Münster
Über Diffusionserscheinungen in festen Metallen
1955, 42 Seiten, 19 Abb., 4 Tabellen, DM 9,10

HEFT 133
Prof. Dr. E. Jenckel, Aachen
Über einen für Schwermetalle selektiven Ionenaustauscher
1955, 48 Seiten, 8 Abb., 13 Tabellen, DM 9,50

HEFT 134
Prof. Dr.-Ing. H. Winterhager, Aachen
Über die elektrochemischen Grundlagen der Schmelzfluß-Elektrolyse von Bleisulfid in geschmolzenen Mischungen mit Bleichlorid
1955, 54 Seiten, 20 Abb., 5 Tabellen, DM 11,80

HEFT 135
Prof. Dr.-Ing. K. Krekeler und Dr.-Ing. H. Peukert, Aachen
Die Änderung der mechanischen Eigenschaften thermoplastischer Kunststoffe durch Warmrecken
1955, 54 Seiten, 27 Abb., DM 11,10

HEFT 136
Dipl.-Phys. P. Pilz, Remscheid
Über spezielle Probleme der Zerkleinerungstechnik von Weichstoffen
1955, 58 Seiten, 19 Abb., 2 Tabellen, DM 11,50

HEFT 137
Prof. Dr. W. Baumeister, Münster
Beiträge zur Mineralstoffernährung der Pflanzen
1955, 64 Seiten, 6 Tabellen, DM 11,80

HEFT 138
Dr. P. Hölemann und Ing. R. Hasselmann, Dortmund
Untersuchungen über die Zersetzungswärme von gasförmigem und in Azeton gelöstem Azetylen
1955, 54 Seiten, 8 Abb., 7 Tabellen, DM 10,40

HEFT 139
Prof. Dr. W. Fuchs, Aachen
Studien über die thermische Zersetzung der Kohle und die Kohlendestillatprodukte
1955, 64 Seiten, 20 Abb., 22 Tabellen, DM 11,80

HEFT 140
Dr.-Ing. G. Hausberg, Essen
Modellversuche an Zyklonen
1955, 78 Seiten, 24 Abb., DM 15,70

HEFT 141
Dr. J. van Calker und Dr. R. Wienecke, Münster
Untersuchungen über den Einfluß dritter Analysenpartner auf die spektrochemische Analyse
1955, 42 Seiten, 15 Abb., DM 9,10

HEFT 142
Dipl.-Ing. G. M. F. Wiebel, Hannover, A. Konermann und A. Ottenheym, Sennelager
Entwicklung eines Kalksandleichtsteines
1955, 38 Seiten, 4 Abb., DM 8,—

HEFT 143
Prof. Dr. F. Wever, Dr. A. Rose und Dipl.-Ing. W. Straßburg, Düsseldorf
Härtbarkeit u. Umwandlungsverhalten der Stähle
1955, 50 Seiten, 12 Abb., 3 Tabellen, DM 10,70

HEFT 144
Prof. Dr. H. Wurmbach, Bonn
Steuerung von Wachstum und Formbildung
1955, 48 Seiten, 19 Abb., DM 10,30

HEFT 145
Dr. G. Hennemann, Werdohl (Westf.)
Beitrag zur Interpretation der modernen Atomphysik
1955, 34 Seiten, DM 10,—

HEFT 146
Dr.-Ing. F. Gruß, Düsseldorf
Sterilisation mit Heißluft
1955, 34 Seiten, 10 Abb., DM 7,70

HEFT 147
Dr.-Ing. W. Rudisch, Unna
Untersuchung einer drehelastischen Elektromagnet-Synchronkupplung
1955, 82 Seiten, 65 Abb., DM 17,70

HEFT 148
Prof. Dr. H. Bittel u. Dipl.-Phys. L. Storm, Münster
Untersuchungen über Widerstandsrauschen
1955, 40 Seiten, 5 Abb., DM 8,40

HEFT 149
Dipl.-Ing. K. Konopicky und Dipl.-Chem. P. Kampa, Bonn
I. Beitrag zur flammenphotometrischen Bestimmung des Calciums.
Dr.-Ing. K. Konopicky, Bonn
II. Die Wanderung von Schlackenbestandteilen in feuerfesten Baustoffen
1955, 54 Seiten, 10 Abb., 5 Tabellen, DM 11,—

HEFT 150
Prof. Dr.-Ing. O. Kienzle und Dipl.-Ing. W. Timmerbeil, Hannover
Das Durchziehen enger Kragen an ebenen Fein- und Mittelblechen
1955, 52 Seiten, 20 Abb., 8 Tabellen, DM 11,30

HEFT 151
Dipl.-Ing. P. Karabasch, Aachen
Feststellung des optimalen Gasgehaltes von Bronzen zur Erzielung druckdichter Gußstücke
in Vorbereitung

HEFT 152
Dipl.-Ing. G. Müller, Köln
Ermittlung der Laufeigenschaften (Vergießbarkeit) von Bronze und Rotguß mittels der Schneider-Gießspirale
1955, 60 Seiten, 33 Abb., DM 13,30

HEFT 153
Prof. Dr. F. Wever, Dr.-Ing. W. A. Fischer und Dipl.-Ing. J. Engelbrecht, Düsseldorf
I. Die Reduktion sauerstoffhaltiger Eisenschmelzen im Hochvakuum mit Wasserstoff und Kohlenstoff
II. Einfluß geringer Sauerstoffgehalte auf das Gefüge und Alterungsverhalten von Reineisen
1955, 54 Seiten, 15 Abb., 2 Tabellen, DM 12,40

HEFT 154
Prof. Dr.-Ing. P. Bardenheuer und Dr.-Ing. W. A. Fischer, Düsseldorf
Die Verschlackung von Titan aus Stahlschmelzen im sauren und basischen Hochfrequenzofen unter verschiedenen Schlacken
1955, 36 Seiten, 10 Abb., 1 Tabelle, DM 7,95

HEFT 155
Dipl.-Phys. K. H. Schirmer, München
Die auf Grau abgestimmte Farbwiedergabe im Dreifarbenbuchdruck
1955, 46 Seiten, 17 Abb., 2 Farbtafeln, DM. 10,—

HEFT 156
Prof. Dr.-Ing. B. von Borries und Mitarbeiter, Düsseldorf
Die Entwicklung regelbarer permanentmagnetischer Elektronenlinsen hoher Brechkraft und eines mit ihnen ausgerüsteten Elektronenmikroskopes neuer Bauart
in Vorbereitung

HEFT 157
Dr. W. Jawtusch, Dr. G. Schuster und Prof. Dr.-Ing. R. Jaeckel, Bonn
Untersuchungen über die Stoßvorgänge zwischen neutralen Atomen und Molekülen
1955, 48 Seiten, 15 Abb., 3 Tabellen, DM 10,50

HEFT 158
Dipl.-Ing. W. Rosenkranz, Meinerzhagen
Ein Beitrag zum Problem der Spannungskorrosion bei Preßprofilen und Preßteilen aus Aluminium-Legierungen
in Vorbereitung

HEFT 159
Dr.-Ing. O. Viertel und O. Oldenroth, Krefeld
Das Bleichen von Weißwäsche mit Wasserstoffsuperoxyd bzw. Natriumhypochlorit beim maschinellen Waschen
1955, 54 Seiten, 23 Abb., 2 Tabellen, DM 11,45

HEFT 160
Prof. Dr. W. Klemm, Münster
Über neue Sauerstoff- und Fluor-haltige Komplexe
1955, 50 Seiten, 13 Abb., 7 Tabellen, DM 10,80

HEFT 161
Prof. Dr. W. Weltzien und Dr. G. Hauschild, Krefeld
Über Silikone und ihre Anwendung in der Textilveredlung
1955, 162 Seiten, 22 Abb., 10 Tabellen, DM 27,—

HEFT 162
Prof. Dr. F. Wever, Prof. Dr. A. Kochendörfer und Dr.-Ing. Chr. Rohrbach, Düsseldorf
Kennzeichnung der Sprödbruchneigung von Stählen durch Messung der Fließspannung, Reißspannung und Brucheinschnürung an dreiachsig beanspruchten Proben
1955, 58 Seiten, 26 Abb., DM 13,—

HEFT 163
Dipl.-Ing. W. Rohs und Text.-Ing. H. Griese, Bielefeld
Untersuchungsarbeiten zur Verbesserung des Leinenwebstuhls III
1955, 80 Seiten, 15 Abb., 18 Tabellen, DM 15,80

HEFT 164
Dr.-Ing. H. Schmachtenberg, Köln
Neuartige Prüfeinrichtungen für Kraftfahrzeuge
1955, 44 Seiten, 23 Abb., DM 9,60

HEFT 165
Dr.-Ing. W. Wilhelm, Aachen
Instationäre Gasströmung im Auspuffsystem eines Zweitaktmotors
1955, 62 Seiten, 31 Abb., 8 Tabellen, DM 13,60

HEFT 166
Prof. Dr. M. v. Stackelberg, Dr. H. Heindze, Dr. H. Hübschke und Dr. K. H. Frangen, Bonn
Kolloidchemische Untersuchungen
1955, 106 Seiten, 8 Abb., 13 Tabellen, DM 21,25

HEFT 167
Prof. Dr.-Ing. F. Schuster, Essen
I. Über die Heißkarburierung von Brenngasen mit Ölen und Teeren
II. Die Strahlungsvorgänge in brennstoffbeheizten Öfen bei verschiedenen Verbrennungsatmosphären
1955, 38 Seiten, 8 Abb., DM 8,30

HEFT 168
Prof. Dr.-Ing. F. Schuster, Essen
I. Luftvorwärmung an Gasfeuerungen
II. Heizwerthöhe von Brenngasen und Wirkungsgrad sowie Gasverbrauch bei der Gasverwendung
III. Sauerstoffangereicherte Luft und feuerungstechnische Kenngrößen von Brenngasen
1955, 60 Seiten, 18 Abb., DM 12,50

HEFT 169
Forschungsinstitut für Pigmente und Lacke, Stuttgart
Arbeiten über die Bestimmung des Gebrauchswertes von Lackfilmen durch physikalische Prüfungen
1955, 70 Seiten, 23 Abb., 4 Tabellen, DM 15,—

HEFT 170
Prof. Dr. F. Wever, Dr. A. Rose und Dipl.-Ing. L. Rademacher, Düsseldorf
Anwendung der Umwandlungsschaubilder auf Fragen der Werkstoffauswahl beim Schweißen und Flammhärten
1955, 64 Seiten, 25 Abb., DM 13,70

HEFT 171
Wäschereiforschung Krefeld
Untersuchung der Wäscheentwässerung mit Hilfe von Zentrifugen und Pressen
1955, 42 Seiten, 16 Abb., 4 Tabellen, DM 9,70

HEFT 172
Dipl.-Ing. W. Rohs, Dr.-Ing. G. Satlow und Text.-Ing. G. Heller, Bielefeld
Trocknung von Hanfgarnen. Kreuzspultrocknung
1955, 60 Seiten, 7 Abb., 4 Tabellen, DM 10,30

HEFT 173
Prof. Dr. R. Hosemann und Dipl.-Phys. G. Schoknecht, Berlin, vorgelegt von Prof. Dr. W. Kast, Krefeld
Lichtoptische Herstellung und Diskussion der Faltungsquadrate parakristalliner Gitter
in Vorbereitung

HEFT 174
Prof. Dr. W. von Fragstein, Dr. J. Meingast und H. Hoch, Köln
Herstellung von Solen einheitlicher Teilchengröße und Ermittlung ihrer optischen Eigenschaften
1955, 78 Seiten, 80 Abb., 4 Tabellen, DM 18,25

HEFT 175
Dr.-Ing. H. Zeller, Aachen
Beitrag zur eindimensionalen stationären und nichtstationären Gasströmung mit Reibung und Wärmeleitung insbesondere in Rohren mit unstetigen Querschnittsänderungen
in Vorbereitung

HEFT 176
Dipl.-Ing. H. Schöberl, Duisburg
Über die Methoden zur Ermittlung der Verbrennungstemperatur von Brennstoffen und ein Vorschlag zu ihrer Verbesserung
1955, 30 Seiten, 3 Abb., DM 6,50

HEFT 177
Dipl.-Ing. H. Stüdemann, Solingen, und Dr.-Ing. W. Müchler, Essen
Entwicklung eines Verfahrens zur zahlenmäßigen Bestimmung der Schneideigenschaften von Messerklingen
in Vorbereitung

HEFT 178
Prof. Dr. M. von Stackelberg u. Dr. W. Hans, Bonn
Untersuchungen zur Ausarbeitung und Verbesserung von polarographischen Analysenmethoden
1955, 46 Seiten, 14 Abb., DM 10,50

HEFT 179
Dipl.-Ing. H. F. Reineke, Bochum
Entwicklungsarbeiten auf dem Gebiete der Meß- und Regeltechnik
1955, 46 Seiten, 10 Abb., DM 10,—

HEFT 180
Dr.-Ing. W. Piepenburg, Dipl.-Ing. B. Bühling und Bauing. J. Behnke, Köln
Putzarbeiten im Hochbau und Versuche mit aktiviertem Mörtel und mechanischem Mörtelauftrag
1955, 116 Seiten, 31 Abb., 68 Tabellen, DM 23,—

HEFT 181
Prof. Dr. W. Franz, Münster
Theorie der elektrischen Leitvorgänge in Halbleitern und isolierenden Festkörpern bei hohen elektrischen Feldern
1955, 28 Seiten, 2 Abb., 1 Tabelle, DM 6,20

HEFT 182
Dr.-Ing. P. Schenk u. Dr. K. Osterloh, Düsseldorf
Katalytisch-thermische Spaltung von gasförmigen und flüssigen Kohlenwasserstoffen zur Spitzengaserzeugung
1955, 50 Seiten, 11 Abb., 11 Tabellen, DM 10,90

HEFT 183
Dr. W. Bornheim, Köln
Entwicklungsarbeiten an Flaschen- und Ampullen-Behandlungsmaschinen für die pharmazeutische Industrie
in Vorbereitung

HEFT 184
Dr.-Ing. E. Printz, Kettwig
Vollhydraulische Parallel-Kupplung für Ackerschlepper
1955, 32 Seiten, 4 Abb., DM 7,80

HEFT 185
Dipl.-Ing. W. Rohs und Text.-Ing. G. Heller, Bielefeld
Studien an einem neuzeitlichen Kreuzspultrockner für Bastfasergarne mit Wiederbefeuchtungszone
1955, 52 Seiten, 9 Abb., 3 Tabellen, DM 10,70

HEFT 186
Dr. E. Wedekind, Krefeld
Untersuchungen zur Arbeitsbestgestaltung bei der Fertigstellung von Oberhemden in gewerblichen Wäschereien
1955, 124 Seiten, 28 Abb., 6 Tabellen, 2 Falttaf., DM 12,—

HEFT 187
Dipl.-Ing. F. Göttgens, Essen
Über die Eigenarten der Bimetall-, Thermo- und Flammenionisationssicherungsmethode in ihrer Anwendung auf Zündsicherungen
1955, 40 Seiten, 6 Abb., 4 Tabellen, DM 8,40

HEFT 188
W. Kinnebrock, Langenberg (Rhld.)
Der Einfluß des Austausches gleicher Gaskochbrenner bzw. Gaskochbrennerteile auf den Wirkungsgrad und insbesondere auf den CO-Gehalt der Verbrennungsgase
1955, 42 Seiten, 7 Tabellen, DM 8,70

HEFT 189
Fa. E. Leybold's Nachfolger, Köln
I. Ausgewählte Kapitel aus der Vakuumtechnik
II. Zum Verlust anorganisch-nichtflüchtiger Substanzen während der Gefriertrocknung
1955, 52 Seiten, 16 Abb, 3 Tabellen, DM 11,20

HEFT 190
Prof. Dr. A. Neuhaus, Prof. Dr O. Schmitz-DuMont und Dipl.-Chem. H. Reckhard, Bonn
Zur Kenntnis der Alkalititanate
1955, 60 Seiten, 13 Abb., 1 Tabelle, DM 12,20

HEFT 191
Dr. H. Söhngen, Darmstadt
Schwingungsverhalten eines Schaufelkranzes im Vakuum
1955, 36 Seiten, 7 Abb., DM 7,80

HEFT 192
Dipl.-Phys. E. M. Schneider, München
Kohlebogenlampen für Aufnahme und Kopie
1955, 48 Seiten, 21 Abb., 3 Tabellen, DM 10,60

HEFT 193
Prof. Dr. O. Schmitz-DuMont, Bonn
Untersuchungen über neue Pigmentfarbstoffe
in Vorbereitung

HEFT 194
Dr. K. Hecht, Köln
Entwicklung neuartiger physikalischer Unterrichtsgeräte
1955, 42 Seiten, 16 Abb., DM 9,90

HEFT 195
Dr.-Ing. E. Rößger, Köln
Gedanken über einen neuen deutschen Luftverkehr
1955, 342 Seiten, 29 Abb., 122 Tabellen, DM 50,—

HEFT 196
Dipl.-Ing. W. Rohs und Text.-Ing. H. Griese, Bielefeld
Auswirkungen von Garnfehlern bei der Verarbeitung von Leinengarnen
1955, 36 Seiten, 3 Abb., 6 Tabellen, DM 7,80

HEFT 197
Dr. E. Wedekind, Krefeld
Untersuchungen zur Bestimmung der optimalen Arbeitsplatzgröße bei Mehrstuhlarbeit in der Weberei
1955, 92 Seiten, 34 Abb., DM 18,50

HEFT 198
Prof. Dr. J. Weissinger, Karlsruhe
Zur Aerodynamik des Ringflügels. Die Druckverteilung dünner, fast drehsymmetrischer Flügel in Unterschallströmung
1955, 42 Seiten, 5 Abb., DM 9,—

HEFT 199
Textilforschungsanstalt Krefeld
Die Messung von Gewebetemperaturen mittels Temperaturstrahlung
1955, 50 Seiten, 12 Abb., DM 10,90

HEFT 200
R. Seipenbusch, Langenberg (Rhld.)
Spitzengas durch Zusatz von Flüssiggas-, Wassergas- und Flüssiggas-Generatorgas-Gemischen zu Stadtgas
1955, 48 Seiten, 21 Tabellen, DM 10,35

HEFT 201
Dr.-Ing. E. W. Pleines, Frankfurt/Main
Die Sicherheit im Luftverkehr
in Vorbereitung

HEFT 202
Dipl.-Ing. D. Fiecke, Stuttgart/Zuffenhausen
Die Bestimmung der Flugzeugpolaren für Entwurfszwecke. I. Teil: Unterlagen
in Vorbereitung

HEFT 203
Dr. G. Wandel, Bonn
Uferbewachsung und Lebendverbauung an den Nordwestdeutschen Kanälen und ihren Zuflüssen sowie an der Ruhr
in Vorbereitung

HEFT 204
Dipl.-Ing. B. Naendorf, Langenberg (Rhld.)
Bestimmung der Brenneigenschaften und des Brennverhaltens verschiedener Gasarten und Einfluß verschiedener Düsengestaltung
1955, 32 Seiten, DM 7,10

HEFT 205
Dr. C. Schaarwächter, Düsseldorf
Über plastische Kupfer-, Eisen-, Phosphor-Legierungen
in Vorbereitung

HEFT 206
Dr. P. Hölemann, Ing. R. Hasselmann und Ing. G. Dix, Dortmund
Untersuchungen über die Vorgänge bei der Zersetzung von in Azeton gelöstem Azetylen
in Vorbereitung

HEFT 207
Prof. Dr.-Ing. H. Opitz, Dipl.-Ing. K. H. Fröhlich und Dipl.-Ing. H. Siebel, Aachen
Richtwerte für das Fräsen von unlegierten und legierten Baustählen mit Hartmetall. I. Teil
in Vorbereitung

HEFT 208
Prof. Dr.-Ing. H. Müller, Essen
Untersuchung von Elektrowärmegeräten für Laienbedienung hinsichtlich Sicherheit und Gebrauchsfähigkeit. I. Untersuchungen an Kochplatten
in Vorbereitung

HEFT 209
Dr. K. Bunge, Leverkusen
Materialabbau in Funkenentladungen. Untersuchungen an Zinkkathoden
in Vorbereitung

HEFT 210
Dr. W. Porschen und Prof. Dr. W. Riezler, Bonn
Langlebige Alphaaktivitäten bei natürlichen Elementen
1955, 40 Seiten, 5 Abb., 4 Tabellen, DM 8,80

HEFT 211
Prof. Dipl.-Ing. W. Sturtzel und Dr.-Ing. W. Graff, Duisburg
Die Versuchsanstalt für Binnenschiffbau, Duisburg
in Vorbereitung

HEFT 212
Dipl.-Ing. H. Spodig, Selm
Untersuchung zur Anwendung der Dauermagnete in der Technik
1955, 44 Seiten, 25 Abb., DM 9,80

HEFT 213
Dipl.-Ing. K. F. Rittinghaus, Aachen
Zusammenstellung eines Meßwagens für Bau- und Raumakustik
in Vorbereitung

HEFT 214
Dr.-Ing. J. Endres, München
Berechnung der optimalen Leistung, Kraftstoffverbräuche und Wirkungsgrade von Einkreis-Turbolader-Strahltriebwerken am Boden und in der Höhe bei Fluggeschwindigkeiten von 0–2 000 km/h
in Vorbereitung

HEFT 215
Prof. Dr.-Ing. H. Opitz und Dr.-Ing. G. Weber, Aachen
Einfluß der Wärmebehandlung von Baustählen auf Spanentstehungen, Schnittkraft- und Standzeitverhalten
in Vorbereitung

HEFT 216
Dr. E. Kloth, Köln
Untersuchungen über die Ausbreitung kurzer Schallimpulse bei der Materialprüfung mit Ultraschall
in Vorbereitung

HEFT 217
Rationalisierungskuratorium der Deutschen Wirtschaft (RKW), Frankfurt/Main
Typenvielzahl bei Haushaltgeräten und Möglichkeiten einer Beschränkung
in Vorbereitung

HEFT 218
Dr. F. Keune, Aachen
Bericht über eine Theorie der Strömung um Rotationskörper ohne Anstellung bei Machzahl Eins
1955, 40 Seiten, 8 Abb., 5 Formelblätter, DM 8,80

HEFT 219
Prof. Dr. W. Fuchs, Aachen
Untersuchungen zur Holzabfallverwertung und zur Chemie des Lignins
1955, 54 Seiten, 11 Abb., 15 Tabellen, DM 11,40

WESTDEUTSCHER VERLAG · KÖLN UND OPLADEN

HEFT 220
Prof. Dr. W. Fuchs, Aachen
Die Entwicklung neuer Regel- und Kontroll-Apparate zur coulometrischen Analyse
in Vorbereitung

HEFT 221
Prof. Dr. W. Meyer-Eppler, Bonn
Experimentelle Untersuchungen zum Mechanismus von Stimme und Gehör in der lautsprachlichen Kommunikation
1955, 56 Seiten, 24 Abb., DM 13,45

HEFT 222
Dr. L. Köllner, Münster, und Dipl.-Volkswirt M. Kaiser, Bochum
Die internationale Wettbewerbsfähigkeit der westdeutschen Wollindustrie
in Vorbereitung

HEFT 223
Dr.-Ing. K. Alberti und Dr. F. Schwarz, Köln
Über das Problem Hartbrand-Weichbrand
in Vorbereitung

HEFT 224
Dipl.-Ing. H. Stüdeman und Ing. R. Beu, Solingen
Verfahren zur Prüfung der Korrosionsbeständigkeit von Messerklingen aus rostfreiem Stahl
in Vorbereitung

HEFT 225
Dr.-Ing. E. Barz, Remscheid
Der Spannungszustand von Gattersägeblättern
in Vorbereitung

HEFT 226
Technisch-wissenschaftliches Büro für die Bastfaserindustrie, Bielefeld
Untersuchungen zur Verbesserung des Leinenwebstuhles IV
Die Wirkung verschiedener Kettbaumbremsen auf die Verwebung von Leinengarnen
in Vorbereitung

HEFT 227
Prof. Dr. F. Wever, Düsseldorf und Dr. W. Wepner, Köln
Untersuchung der Alterungsneigung von weichen unlegierten Stählen durch Härteprüfung bei Temperaturen bis 300 Grad C
in Vorbereitung

HEFT 228
Prof. Dr. F. Wever, Dr. W. Koch, Düsseldorf und Dr. B. A. Steinkopf, Dortmund
Spektrochemische Grundlagen der Analyse von Gemischen aus Kohlenmonoxyd, Wasserstoff und Stickstoff
in Vorbereitung

HEFT 229
Prof. Dr. F. Wever, Dr. W. Koch und Dr.-Ing. H. Malissa, Düsseldorf
Über die Anwendung disubstituierter Dithiocarbamate der analytischen Chemie
in Vorbereitung

HEFT 230
Prof. Dr. F. Wever, Düsseldorf und Dr. W. Wepner, Köln
Bestimmung kleiner Kohlenstoffgehalte im Alpha-Eisen durch Dämpfungsmessung
in Vorbereitung

HEFT 231
Dr.-Ing. W. Küch, Dortmund
Über die Wechselwirkung zwischen Holzschutzbehandlung und Verleimung
in Vorbereitung

HEFT 232
Prof. Dr.-Ing. O. Kienzle, Hannover und Dr.-Ing. H. Münnich, Schweinfurt
Feststellung der Spannungen und Dehnungen und Bruchdrehzahlen der unter Fliehkraft und Bearbeitungskraft beanspruchten Schleifkörper
in Vorbereitung

HEFT 233
Dr. H. Haase, Hamburg
Infrarot-Bibliographie
in Vorbereitung

HEFT 234
Dr.-Ing. K. G. Speith und Dr.-Ing. A. Bungeroth, Duisburg
Versuche zur Steigerung des Kokillen-Schluckvermögens beim Stranggießen von Stahl
in Vorbereitung

HEFT 235
Prof. Dr.-Ing. K. Leist und Dipl.-Ing. W. Dettmering, Aachen
Turbinenschaufeln aus Kunststoff für Kaltluftversuchsanlagen
in Vorbereitung

HEFT 236
Dr.-Ing. O. Viertel und S. Lucas, Krefeld
Ergebnisse einer Hausfrauenbefragung über Wascheinrichtungen und Waschmethoden in städtischen Haushaltungen
in Vorbereitung

HEFT 237
Dr. P. Endler und Dr. H. Ludes, Köln
Bericht über eine Studienreise zur Orientierung der heutigen Behandlung der Lungentuberkulose in den Vereinigten Staaten von Nordamerika
in Vorbereitung

HEFT 238
Institut für textile Meßtechnik, M.-Gladbach, e. V.
Untersuchung der Verzugsvorgänge an den Streckwerken verschiedener Spinnereimaschinen. 3. Bericht: Theoretische Betrachtungen über den Einfluß schlagender Zylinder und Druckrollen
in Vorbereitung

HEFT 239
Prof. Dr.-Ing. K. Leist und Dipl.-Ing. H. Scheele Aachen und Dipl.-Ing. F. H. Flottmann, Herne
Versuche an einem neuartigen luftgekühlten Hochleistungs-Kolbenkompressor
in Vorbereitung

HEFT 240
Prof. Dr.-Ing. K. Leist und Dipl.-Ing. H. Scheele, Aachen
Temperaturmessungen an einem einstufigen luftgekühlten 4-Zylinder-Kolbenkompressor mit Kühlgebläse
in Vorbereitung

HEFT 241
Prof. Dr.-Ing. K. Leist und Dipl.-Ing. M. Pötke, Aachen
Leistungsversuche an einem Kühlluftgebläse
in Vorbereitung

HEFT 242
Prof. Dr.-Ing. K. Leist und Dipl.-Ing. K. Graf, Aachen
Straßenfahrzeuge mit Gasturbinenantrieb
in Vorbereitung

HEFT 243
Prof. Dr.-Ing. K. Leist und Dipl.-Ing. S. Förster, Aachen
Die französische Kleingasturbine Artouste — I. Teil
in Vorbereitung

HEFT 244
Prof. Dr. F. Wever, Dr. W. Koch und Dr. S. Eckhard, Düsseldorf
Erfahrungen mit der spektrochemischen Analyse von Gefügebestandteilen des Stahles
in Vorbereitung

HEFT 245
Prof. Dr.-Ing. K. Krekeler, Aachen
Das Verbinden von Metallen durch Kunstharzkleber. Teil I: Eigenschaften und Verwendung der Metallklebstoffe
in Vorbereitung

HEFT 246
Prof. Dr.-Ing. K. Krekeler, Aachen
Das Verbinden von Metallen durch Kunstharzkleber. Teil II: Untersuchungen an geklebten Leichtmetall-Verbindungen
in Vorbereitung

HEFT 247
Dr. H. Söhngen, Darmstadt
Strömung vor einem Überschall-Laufrad
in Vorbereitung

HEFT 248
Rheinische Aktiengesellschaft für Braunkohlenbergbau und Brikettfabrikation, Köln
Untersuchung der Bindemitteleigenschaften von Braunkohlenfilteraschen
in Vorbereitung

HEFT 249
Dr. M.-E. Meffert, Essen
Weitere Kulturversuche Scenedesmus obliquus
in Vorbereitung

HEFT 250
Dr. F. Schwarz und Dr.-Ing. K. Alberti, Köln
Entwicklung von Untersuchungsverfahren zur Gütebeurteilung von Industriekalken
in Vorbereitung

HEFT 251
Prof. Dr. H. Bittel, Münster
Zur Statistik der ferromagnetischen Elementarvorgänge und ihren Einfluß auf das Barkhausenrauschen

HEFT 252
Dipl.-Ing. H. Frings, Geilenkirchen
Die Wirkung abfallender Wetterführung auf Wettertemperatur, Grubengasgehalt und Staubbildung
in Vorbereitung

HEFT 253
Dipl.-Ing. S. Schirmanski, Berghausen
Stand und Auswertung der Forschungsarbeiten über Temperatur- und Feuchtigkeitsgrenzen bei der bergmännischen Arbeit
in Vorbereitung

HEFT 254
Prof. Dr. R. Danneel, Bonn
Quantitative Untersuchungen über die Entwicklung des Ehrlich-Ascitesturmos bei Inzuchtmäusen
in Vorbereitung

HEFT 255
Ing. W. v. Schlippe, Bad Nauheim
Strömung von Flüssigkeiten mit temperaturabhängiger Zähigkeit (Kühlung von Ölen)
in Vorbereitung

HEFT 256
Prof. Dr. C. Schmieden und Dipl.-Math. K. H. Müller, Darmstadt
Die Strömung einer Quellstrecke im Halbraum — eine strenge Lösung der Navier-Stokes-Gleichungen
in Vorbereitung

HEFT 257
Prof. Dr. G. Lehmann und Dr. J. Tamm, Dortmund
Die Beeinflussung vegetativer Funktionen des Menschen durch Geräusche
in Vorbereitung

HEFT 258
Dr. H. Paul, Linz/Rhein und Prof. Dr. O. Graf, Dortmund
Zur Frage der Unfälle im Bergbau
in Vorbereitung

HEFT 259
Prof. D. W. Linke, Aachen
Strömungsvorgänge in künstlich belüfteten Räumen
in Vorbereitung

HEFT 260
Prof. Dr. W. Kast, Freiburg/Br., Prof. Dr. H. A. Stuart und Dipl.-Phys. H. G. Fendler, Hannover
Lichtzerstreuungsmessungen an Lösungen hochpolymerer Stoffe
in Vorbereitung

HEFT 261
Prof. Dr. W. Kast, Freiburg/Br.
Feinstruktur-Untersuchungen an künstlichen Zellulosefasern verschiedener Herstellungsverfahren. Teil II: Der Kristallisationszustand
in Vorbereitung

HEFT 262
Dr.-Ing. W. Batel, Aachen
Untersuchungen zur Absiebung feuchter, feinkörniger Haufwerke und Schwingsieben
in Vorbereitung

HEFT 263
Prof. Dr. H. Lange und Dipl.-Phys. R. Kohlhaas, Köln
Über die Wärmefähigkeit von Stählen bei hohen Temperaturen. Teil I: Literaturbericht
in Vorbereitung

HEFT 264
Prof. Dr. W. Weizel, Bonn
Durch schnelle Funkenzusammenbrüche ausgelöste Signale auf einer Leitung
in Vorbereitung

HEFT 265
Prof. Dr. F. Micheel und Dr. R. Engel, Münster
Eine Apparatur zur elektrophoretischen Trennung von Stoffgemischen

HEFT 266
Fliesen-Beratungsstelle Bad Godesberg-Mehlem
Güteeigenschaften keramischer Wand- und Bodenfliesen und deren Prüfmethoden
in Vorbereitung

HEFT 267
Prof. Dr. W. Weizel und B. Brandt, Bonn
Zur Stabilität stromstarker Glimmentladungen
in Vorbereitung

HEFT 268
Prof. Dr.-Ing. G. Vogelpohl, Göttingen
Über die Tragfähigkeit von Gleitlagern und ihre Berechnung
in Vorbereitung

WESTDEUTSCHER VERLAG · KÖLN UND OPLADEN

VERÖFFENTLICHUNGEN DER ARBEITSGEMEINSCHAFT FÜR FORSCHUNG DES LANDES NORDRHEIN-WESTFALEN

NATURWISSENSCHAFTEN

Im Auftrage des Ministerpräsidenten Karl Arnold
herausgegeben von Staatssekretär Prof. Leo Brandt

HEFT 1
Prof. Dr.-Ing. Friedrich Seewald, Aachen
Neue Entwicklungen auf dem Gebiet der Antriebsmaschinen
Prof. Dr.-Ing. Friedrich A. F. Schmidt, Aachen
Technischer Stand und Zukunftsaussichten der Verbrennungsmaschinen, insbesondere der Gasturbinen
Dr.-Ing. Rudolf Friedrich, Mülheim (Ruhr)
Möglichkeiten und Voraussetzungen der industriellen Verwertung der Gasturbine
1951, 52 Seiten, 15 Abb., kartoniert, DM 4,25

HEFT 2
Prof. Dr.-Ing. Wolfgang Riezler, Bonn
Probleme der Kernphysik
Prof. Dr. Fritz Micheel, Münster
Isotope als Forschungsmittel in der Chemie und Biochemie
1951, 40 Seiten, 10 Abb., kartoniert, DM 3,20

HEFT 3
Prof. Dr. Emil Lehnartz, Münster
Der Chemismus der Muskelmaschine
Prof. Dr. Gunther Lehmann, Dortmund
Physiologische Forschung als Voraussetzung der Bestgestaltung der menschlichen Arbeit
Prof. Dr. Heinrich Kraut, Dortmund
Ernährung und Leistungsfähigkeit
1951, 60 Seiten, 35 Abb., kartoniert, DM 5,—

HEFT 4
Prof. Dr. Franz Wever, Düsseldorf
Aufgaben der Eisenforschung
Prof. Dr.-Ing. Hermann Schenck, Aachen
Entwicklungslinien des deutschen Eisenhüttenwesens
Prof. Dr.-Ing. Max Haas, Aachen
Wirtschaftliche Bedeutung der Leichtmetalle und ihre Entwicklungsmöglichkeiten
1952, 60 Seiten, 20 Abb., kartoniert, DM 6,—

HEFT 5
Prof. Dr. Walter Kikuth, Düsseldorf
Virusforschung
Prof. Dr. Rolf Danneel, Bonn
Fortschritte der Krebsforschung
Prof. Dr. Dr. Werner Schulemann, Bonn
Wirtschaftliche und organisatorische Gesichtspunkte für die Verbesserung unserer Hochschulforschung
1952, 50 Seiten, 2 Abb., kartoniert, DM 4,—

HEFT 6
Prof. Dr. Walter Weizel, Bonn
Die gegenwärtige Situation der Grundlagenforschung in der Physik
Prof. Dr. Siegfried Strugger, Münster
Das Duplikantenproblem in der Biologie
Direktor Dr. Fritz Gummert, Essen
Überlegungen zu den Faktoren Raum und Zeit im biologischen Geschehen und Möglichkeiten einer Nutzanwendung
1952, 64 Seiten, 20 Abb., kartoniert, DM 4,—

HEFT 7
Prof. Dr.-Ing. August Götte, Aachen
Steinkohle als Rohstoff und Energiequelle
Prof. Dr. Dr. E. h. Karl Ziegler, Mülheim (Ruhr)
Über Arbeiten des Max-Planck-Institutes für Kohlenforschung
1953, 66 Seiten, 4 Abb., kartoniert, DM 4,75

HEFT 8
Prof. Dr.-Ing. Wilhelm Fucks, Aachen
Die Naturwissenschaft, die Technik und der Mensch
Prof. Dr. Walther Hoffmann, Münster
Wirtschaftliche und soziologische Probleme des technischen Fortschritts
1952, 84 Seiten, 12 Abb., kartoniert, DM 6,50

HEFT 9
Prof. Dr.-Ing. Franz Bollenrath, Aachen
Zur Entwicklung warmfester Werkstoffe
Prof. Dr. Heinrich Kaiser, Dortmund
Stand spektralanalytischer Prüfverfahren und Folgerung für deutsche Verhältnisse
1952, 100 Seiten, 62 Abb., kartoniert, DM 7,50

HEFT 10
Prof. Dr. Hans Braun, Bonn
Möglichkeiten und Grenzen der Resistenzzüchtung
Prof. Dr. Carl Heinrich Dencker, Bonn
Der Weg der Landwirtschaft von der Energieautarkie zur Fremdenergie
1952, 74 Seiten, 23 Abb., kartoniert, DM 6,80

HEFT 11
Prof. Dr.-Ing. Herwart Opitz, Aachen
Entwicklungslinien der Fertigungstechnik in der Metallbearbeitung
Prof. Dr.-Ing. Karl Krekeler, Aachen
Stand und Aussichten der schweißtechnischen Fertigungsverfahren
1952, 72 Seiten, 49 Abb., kartoniert, DM 6,40

HEFT 12
Dr. Hermann Rathert, Wuppertal-Elberfeld
Entwicklung auf dem Gebiet der Chemiefaser-Herstellung
Prof. Dr. Wilhelm Weltzien, Krefeld
Rohstoff und Veredlung in der Textilwirtschaft
1952, 84 Seiten, 29 Abb., kartoniert, DM 7,—

HEFT 13
Dr.-Ing. E. h. Karl Herz, Frankfurt a. M.
Die technischen Entwicklungstendenzen im elektrischen Nachrichtenwesen
Staatssekretär Prof. Leo Brandt, Düsseldorf
Navigation und Luftsicherung
1952, 102 Seiten, 97 Abb., kartoniert, DM 9,75

HEFT 14
Prof. Dr. Burckhardt Helferich, Bonn
Stand der Enzymchemie und ihre Bedeutung
Prof. Dr. Hugo Wilhelm Knipping, Köln
Ausschnitt aus der klinischen Carcinomforschung am Beispiel des Lungenkrebses
1952, 72 Seiten, 12 Abb., kartoniert, DM 6,25

HEFT 15
Prof. Dr. Abraham Esau †, Aachen
Ortung mit elektrischen und Ultraschallwellen in Technik und Natur
Prof. Dr.-Ing. Eugen Flegler, Aachen
Die ferromagnetischen Werkstoffe der Elektrotechnik und ihre neueste Entwicklung
1953, 84 Seiten, 25 Abb., kartoniert, DM 6,25

HEFT 16
Prof. Dr. Rudolf Seyffert, Köln
Die Problematik der Distribution
Prof. Dr. Theodor Beste, Köln
Der Leistungslohn
1952, 70 Seiten, 1 Abb., kartoniert, DM 4,50

HEFT 17
Prof. Dr.-Ing. Friedrich Seewald, Aachen
Luftfahrtforschung in Deutschland und ihre Bedeutung für die allgemeine Technik
Prof. Dr.-Ing. Edouard Houdremont, Essen
Art und Organisation der Forschung in einem Industrieforschungsinstitut der Eisenindustrie
1953, 90 Seiten, 4 Abb., kartoniert, DM 5,50

HEFT 18
Prof. Dr. Dr. Werner Schulemann, Bonn
Theorie und Praxis pharmakologischer Forschung
Prof. Dr. Wilhelm Groth, Bonn
Technische Verfahren zur Isotopentrennung
1953, 72 Seiten, 17 Abb., kartoniert, DM 5,—

HEFT 19
Dipl.-Ing. Kurt Traenckner, Essen
Entwicklungstendenzen der Gaserzeugung
1953, 26 Seiten, 12 Abb., kartoniert, DM 2,50

HEFT 20
M. Zvegintzow, London
Wissenschaftliche Forschung und die Auswertung ihrer Ergebnisse
Ziel und Tätigkeit der National Research Development Corporation
Dr. Alexander King, London
Wissenschaft und internationale Beziehungen
1954, 88 Seiten, kartoniert, DM 4,60

HEFT 21
Prof. Dr. Robert Schwarz, Aachen
Wesen und Bedeutung der Silicium-Chemie
Prof. Dr. Dr. h. c. Kurt Alder, Köln
Fortschritte in der Synthese von Kohlenstoffverbindungen
1954, 76 Seiten, 49 Abb., kartoniert, DM 5,20

HEFT 21a
Prof. Dr. Dr. h. c. Otto Hahn, Göttingen
Die Bedeutung der Grundlagenforschung für die Wirtschaft
Prof. Dr. Siegfried Strugger, Münster
Die Erforschung des Wasser- und Nährsalztransportes im Pflanzenkörper mit Hilfe der fluoreszenzmikroskopischen Kinematographie
1953, 74 Seiten, 26 Abb., kartoniert, DM 5,80

HEFT 22
Prof. Dr. Johannes von Allesch, Göttingen
Die Bedeutung der Psychologie im öffentlichen Leben
Prof. Dr. Otto Graf, Dortmund
Triebfedern menschlicher Leistung
1953, 80 Seiten, 19 Abb., kartoniert, DM 4,80

HEFT 23
Prof. Dr. Dr. h. c. Bruno Kuske, Köln
Zur Problematik der wirtschaftswissenschaftlichen Raumforschung
Prof. Dr.-Ing. E. h. Stephan Prager, Düsseldorf
Städtebau und Landesplanung
1954, 84 Seiten, kartoniert, DM 4,—

HEFT 24
Prof. Dr. Rolf Danneel, Bonn
Über die Wirkungsweise der Erbfaktoren
Prof. Dr. Kurt Herzog, Krefeld
Bewegungsbedarf der menschlichen Gliedmaßengelenke bei der Berufsarbeit
1953, 76 Seiten, 18 Abb., kartoniert, DM 4,80

WESTDEUTSCHER VERLAG · KÖLN UND OPLADEN

HEFT 25
Prof. Dr. Otto Haxel, Heidelberg
Energiegewinnung aus Kernprozessen
Dr.-Ing. Dr. Max Wolf, Düsseldorf
Gegenwartsprobleme der energiewirtschaftlichen Forschung
1953, 98 Seiten, 27 Abb., kartoniert, DM 6,25

HEFT 26
Prof. Dr. Friedrich Becker, Bonn
Ultrakurzwellenstrahlung aus dem Weltraum
Dr. Hans Straßl, Bonn
Bemerkenswerte Doppelsterne und das Problem der Sternentwicklung
1954, 70 Seiten, 8 Abb., kartoniert, DM 4,—

HEFT 27
Prof. Dr. Heinrich Behnke, Münster
Der Strukturwandel der Mathematik in der ersten Hälfte des 20. Jahrhunderts
Prof. Dr. Emanuel Sperner, Hamburg
Eine mathematische Analyse der Luftdruckverteilungen in großen Gebieten
in Vorbereitung

HEFT 28
Prof. Dr. Oskar Niemczyk, Aachen
Die Problematik gebirgsmechanischer Vorgänge im Steinkohlenbergbau
Prof. Dr. Wilhelm Ahrens, Krefeld
Die Bedeutung geologischer Forschung für die Wirtschaft, besonders in Nordrhein-Westfalen
1955, 96 Seiten, 12 Abb., kartoniert, DM 6,40

HEFT 29
Prof. Dr. Bernhard Rensch, Münster
Das Problem der Residuen bei Lernleistungen
Prof. Dr. Hermann Fink, Köln
Über Leberschäden bei der Bestimmung des biologischen Wertes verschiedener Eiweiße von Mikroorganismen
1954, 96 Seiten, 23 Abb., kartoniert, DM 6,—

HEFT 30
Prof. Dr.-Ing. Friedrich Seewald, Aachen
Forschungen auf dem Gebiete der Aerodynamik
Prof. Dr.-Ing. Karl Leist, Aachen
Einige Forschungsarbeiten aus der Gasturbinentechnik
1955, 98 Seiten, 45 Abb., kartoniert, DM 8,80

HEFT 31
Prof. Dr.-Ing. Dr. h. c. Fritz Mietzsch, Wuppertal
Chemie und wirtschaftliche Bedeutung der Sulfonamide
Prof. Dr. Dr. h. c. Gerhard Domagk, Wuppertal
Die experimentellen Grundlagen der bakteriellen Infektionen
1954, 82 Seiten, 2 Abb., kartoniert, DM 5,25

HEFT 32
Prof. Dr. Hans Braun, Bonn
Die Verschleppung von Pflanzenkrankheiten und -schädigungen über die Welt
Prof. Dr. Wilhelm Rudorf, Voldagsen
Der Beitrag von Genetik und Züchtung zur Bekämpfung von Viruskrankheiten der Nutzpflanzen
1953, 88 Seiten, 36 Abb., kartoniert, DM 6,75

HEFT 33
Prof. Dr.-Ing. Volker Aschoff, Aachen
Probleme der elektroakustischen Einkanalübertragung
Prof. Dr.-Ing. Herbert Döring, Aachen
Erzeugung und Verstärkung von Mikrowellen
1954, 74 Seiten, 23 Abb., kartoniert, DM 4,50

HEFT 34
Geheimrat Prof. Dr. Dr. Rudolf Schenck, Aachen
Bedingungen und Gang der Kohlenhydratsynthese im Licht
Prof. Dr. Emil Lehnartz, Münster
Die Endstufen des Stoffabbaues im Organismus
1954, 80 Seiten, 11 Abb., kartoniert, DM 5,50

HEFT 35
Prof. Dr.-Ing. Hermann Schenck, Aachen
Gegenwartsprobleme der Eisenindustrie in Deutschland
Prof. Dr.-Ing. Eugen Piwowarsky †, Aachen
Gelöste und ungelöste Probleme im Gießereiwesen
1954, 110 Seiten, 67 Abb., kartoniert, DM 9,-

HEFT 36
Prof. Dr. Wolfgang Riezler, Bonn
Teilchenbeschleuniger
Prof. Dr. Gerhard Schubert, Hamburg
Anwendung neuer Strahlenquellen in der Krebstherapie
1954, 104 Seiten, 43 Abb., kartoniert, DM 8,20

HEFT 37
Prof. Dr. Franz Lotze, Münster
Probleme der Gebirgsbildung
Bergwerksdirektor Bergassessor a.D. G. Rauschenbach, Essen
Die Erhaltung der Förderungskapazität des Ruhrbergbaues auf lange Sicht
in Vorbereitung

HEFT 38
Dr. E. Colin Cherry, London
Kybernetik
Prof. Dr. Erich Pietsch, Clausthal-Zellerfeld
Dokumentation und mechanisches Gedächtnis — zur Frage der Ökonomie der geistigen Arbeit
1954, 108 Seiten, 31 Abb., kartoniert, DM 7,20

HEFT 39
Dr. Heinz Haase, Hamburg
Infrarot und seine technischen Anwendungen
Prof. Dr. Abraham Esau †, Aachen
Ultraschall und seine technischen Anwendungen
1955, 80 Seiten, 25 Abb., kartoniert, DM 6,20

HEFT 40
Bergassessor Fritz Lange, Bochum-Hordel
Die wirtschaftliche und soziale Bedeutung der Silikose im Bergbau
Prof. Dr. Walter Kikuth, Düsseldorf
Die Entstehung der Silikose und ihre Verhütungsmaßnahmen
1954, 120 Seiten, 40 Abb., kartoniert, DM 9,50

HEFT 40a
Prof. Dr. Eberhard Gross, Bonn
Berufskrebs und Krebsforschung
Prof. Dr. Hugo Wilhelm Knipping, Köln
Die Situation der Krebsforschung vom Standpunkt der Klinik
1955, 88 Seiten, 31 Abb., kartoniert, DM 6,70

HEFT 41
Direktor Dr.-Ing. Gustav-Victor Lachmann, London
An den neuen Entwicklungsschwellen im Flugzeugbau
Direktor Dr.-Ing. A. Gerber, Zürich-Oerlikon
Stand der Entwicklung der Raketen- und Lenktechnik
1955, 88 Seiten, 44 Abb., kartoniert, DM 8,40

HEFT 42
Prof. Dr. Theodor Kraus, Köln
Lokalisationsphänomene und Raumordnung vom Standpunkt der geographischen Wissenschaft
Direktor Dr. Fritz Gummert, Essen
Vom Ernährungsversuchsfeld der Kohlenstoffbiologischen Forschungsstation Essen
in Vorbereitung

HEFT 42a
Prof. Dr. Dr. h. c. Gerhard Domagk, Wuppertal
Fortschritte auf dem Gebiet der experimentellen Krebsforschung
1954, 46 Seiten, kartoniert, DM 2,60

HEFT 43
Prof. Giovanni Lampariello, Rom
Über Leben und Werk von Heinrich Hertz
Prof. Dr. Walter Weizel, Bonn
Über das Problem der Kausalität in der Physik
1955, 76 Seiten, kartoniert, DM 4,40

HEFT 43a
Prof. Dr. José Ma Albareda, Madrid
Die Entwicklung der Forschung in Spanien
in Vorbereitung

HEFT 44
Prof. Dr. Burckhardt Helferich, Bonn
Über Glykoside
Prof. Dr. Fritz Micheel, Münster
Kohlenhydrat-Eiweiß-Verbindungen und ihre biochemische Bedeutung
in Vorbereitung

HEFT 45
Prof. Dr. John von Neumann, Princeton, USA
Entwicklung und Ausnutzung neuerer mathematischer Maschinen
Prof. Dr. E. Stiefel, Zürich
Rechenautomaten im Dienste der Technik mit Beispielen aus dem Züricher Institut für angewandte Mathematik
1955, 74 Seiten, 6 Abb., kartoniert, DM 4,80

HEFT 46
Prof. Dr. Wilhelm Weltzien, Krefeld
Ausblick auf die Entwicklung synthetischer Fasern
Prof. Dr. Walther Hoffmann, Münster
Wachstumsformen der Industriewirtschaft
in Vorbereitung

HEFT 47
Staatssekretär Prof. Leo Brandt, Düsseldorf
Die praktische Förderung der Forschung in Nordrhein-Westfalen
Prof. Dr. Ludwig Raiser, Bad Godesberg
Die Förderung der angewandten Forschung durch die Deutsche Forschungsgemeinschaft
in Vorbereitung

HEFT 48
Dr. Hermann Tromp, Rom
Bestandsaufnahme der Wälder der Welt als internationale und wissenschaftliche Aufgabe
Prof. Dr. Franz Heske, Schloß Reinbek
Die Wohlfahrtswirkungen des Waldes als internationales Problem
in Vorbereitung

HEFT 49
Präsident Dr. G. Böhnecke, Hamburg
Zeitfragen der Ozeanographie
Reg.-Direktor Dr. H. Gabler, Hamburg
Nautische Technik und Schiffssicherheit
1955, 120 Seiten, 49 Abb., kartoniert, DM 10,20

HEFT 50
Prof. Dr.-Ing. Friedrich A. F. Schmidt, Aachen
Probleme der Selbstzündung und Verbrennung bei der Entwicklung der Hochleistungskraftmaschinen
Prof. Dr.-Ing. A. W. Quick, Aachen
Ein Verfahren zur Untersuchung des Austauschvorganges in verwirbelten Strömungen hinter Körpern mit abgelöster Strömung
in Vorbereitung

HEFT 51
Prof. Dr. Siegfried Strugger, Münster
Struktur, Entwicklungsgeschichte und Physiologie der Chloroplasten
Direktor Dr. J. Pätzold, Erlangen
Therapeutische Anwendung mechanischer und elektrischer Energie
in Vorbereitung

HEFT 52
Mr. Patmore, London
Lufttüchtigkeit und technische Prüfung der Flugzeuge in England
Pro. A. D. Young, Cranfield
Die Ausbildung des Ingenieurnachwuchses auf dem Luftfahrtgebiet in England
in Vorbereitung

JAHRESFEIER 1955
Prof. Dr. Josef Pieper, Münster
Über den Philosophie-Begriff Platons
Prof. Dr. Walter Weizel, Bonn
Die Mathematik und die physikalische Realität
1955, 62 Seiten, kartoniert, DM 4,40

HEFT 52a
Dr. D. C. Martin, London
Geschichte und Organisation der Royal Society
Dr. Roux, Südafrika
Probleme der wissenschaftlichen Forschung in der Südafrikanischen Union
in Vorbereitung

HEFT 53
Prof. Dr.-Ing. Georg Schnadel, Hamburg
Forschungsaufgaben zur Untersuchung der Festigkeitsprobleme im Schiffbau
Prof. Dipl.-Ing. Wilhelm Sturtzel, Duisburg
Forschungsaufgaben zur Untersuchung der Widerstandsprobleme im Schiffbau
in Vorbereitung

HEFT 53a
Prof. Giovanni Lampariello, Rom
Von Galilei zu Einstein
in Vorbereitung

HEFT 54
Prof. Dr. Julius Bartels, Göttingen
Sonne und Erde — das Thema des internationalen geophysikalischen Jahres
Direktor Dr. Walter Dieminger, Lindau/Harz
Ionosphäre und drahtloser Weitverkehr

HEFT 54a
Sir John Cockcroft, London
Die friedliche Anwendung der Kernenergie
in Vorbereitung

HEFT 55
Prof. Dr.-Ing. Fritz Schultz-Grunow, Aachen
Das Kriechen und Fließen hochzäher und plastischer Stoffe
Prof. Dr.-Ing. Hans Ebner, Aachen
Wege und Ziele der Festigkeitsforschung besonders im Hinblick auf den Leichtbau
in Vorbereitung

WESTDEUTSCHER VERLAG · KÖLN UND OPLADEN

HEFT 56
Prof. Dr. Ernst Derra, Düsseldorf
Der Entwicklungsstand der Herzchirurgie
Prof. Dr. Gunther Lehmann, Dortmund
Muskelarbeit und Muskelermüdung in Theorie und Praxis
in Vorbereitung

HEFT 57
Prof. Dr. Theodor von Kármán, Pasadena
Freiheit und Organisation in der Luftfahrtforschung
in Vorbereitung

HEFT 58
Prof. Dr. Fritz Schröter, Ulm
Neue Forschungs- und Entwicklungsrichtungen im Fernsehen
Prof. Dr. Albert Narath, Berlin
Der gegenwärtige Stand der Filmtechnik
in Vorbereitung

VERÖFFENTLICHUNGEN DER ARBEITSGEMEINSCHAFT FÜR FORSCHUNG DES LANDES NORDRHEIN-WESTFALEN

GEISTESWISSENSCHAFTEN

Im Auftrage des Ministerpräsidenten Karl Arnold
herausgegeben von Staatssekretär Prof. Leo Brandt

HEFT 1
Prof. Dr. Werner Richter, Bonn
Die Bedeutung der Geisteswissenschaften für die Bildung unserer Zeit
Prof. Dr. Joachim Ritter, Münster
Die aristotelische Lehre vom Ursprung und Sinn der Theorie
1953, 64 Seiten, kartoniert, DM 3,50

HEFT 2
Prof. Dr. Josef Kroll, Köln
Elysium
Prof. Dr. Günther Jachmann, Köln
Die vierte Ekloge Vergils
1953, 72 Seiten, kartoniert, DM 3,75

HEFT 3
Prof. Dr. Hans Erich Stier, Münster
Die klassische Demokratie
1954, 100 Seiten, kartoniert, DM 6,—

HEFT 4
Prof. Dr. Werner Caskel, Köln
Lihyan und Lihyanisch. Sprache und Kultur eines früharabischen Königreiches
1954, 168 Seiten, 6 Abb., kartoniert, DM 11,—

HEFT 5
Prof. Dr. Thomas Ohm, Münster
Stammesreligionen im südlichen Tanganyika-Territorium
1953, 80 Seiten, 25 Abb., kartoniert, DM 11,50

HEFT 6
Prälat Prof. Dr. Dr. h. c. Georg Schreiber, Münster
Deutsche Wissenschaftspolitik von Bismarck bis zum Atomwissenschaftler Otto Hahn
1954, 102 Seiten, 7 Bilder, kartoniert, DM 6,25

HEFT 7
Prof. Dr. Walter Holtzmann, Bonn
Das mittelalterliche Imperium und die werdenden Nationen
1953, 28 Seiten, kartoniert, DM 2,50

HEFT 8
Prof. Dr. Werner Caskel, Köln
Die Bedeutung der Beduinen in der Geschichte der Araber
1954, 44 Seiten, kartoniert, DM 2,75

HEFT 9
Prälat Prof. Dr. Dr. h. c. Georg Schreiber, Münster
Irland im deutschen und abendländischen Sakralraum
in Vorbereitung

HEFT 10
Prof. Dr. Peter Rassow, Köln
Forschungen zur Reichsidee im 16. und 17. Jahrhundert
1955, 32 Seiten, kartoniert, DM 1,90

HEFT 11
Prof. Dr. Hans Erich Stier, Münster
Roms Aufstieg zur Weltherrschaft
in Vorbereitung

HEFT 12
Prof. D. Karl Heinrich Rengstorf, Münster
Mann und Frau im Urchristentum
Prof. Dr. Hermann Conrad, Bonn
Grundprobleme einer Reform des Familienrechts
1954, 106 Seiten, kartoniert, DM 6,—

HEFT 13
Prof. Dr. Max Braubach, Bonn
Der Weg zum 20. Juli 1944
1953, 48 Seiten, kartoniert, DM 3,25

HEFT 14
Prof. Dr. Paul Hübinger, Münster
Das deutsch-französische Verhältnis und seine mittelalterlichen Grundlagen
in Vorbereitung

HEFT 15
Prof. Dr. Franz Steinbach, Bonn
Der geschichtliche Weg des wirtschaftenden Menschen in die soziale Freiheit und politische Verantwortung
1954, 76 Seiten, kartoniert, DM 3,80

HEFT 16
Prof. Dr. Josef Koch, Köln
Die Ars coniecturalis des Nikolaus von Cues
in Vorbereitung

HEFT 17
Prof. Dr. James Conant,
US-Hochkommissar für Deutschland
Staatsbürger und Wissenschaftler
Prof. D. Karl Heinrich Rengstorf, Münster
Antike und Christentum
1953, 48 Seiten, 2 Abb., kartoniert, DM 3,50

HEFT 18
Prof. Dr. Richard Alewyn, Köln
Klopstocks Publikum
in Vorbereitung

HEFT 19
Prof. Dr. Fritz Schalk, Köln
Das Lächerliche in der französischen Literatur des Ancien Régime
1954, 42 Seiten, kartoniert, DM 2,25

HEFT 20
Prof. Dr. Ludwig Raiser, Bad Godesberg
Rechtsfragen der Mitbestimmung
1954, 48 Seiten, kartoniert, DM 2,50

HEFT 21
Prof. D. Martin Noth, Bonn
Das Geschichtsverständnis der alttestamentlichen Apokalyptik
1953, 36 Seiten, kartoniert, DM 2,20

HEFT 22
Prof. Dr. Walter F. Schirmer, Bonn
Glück und Ende des Könige in Shakespeares Historien
1954, 32 Seiten, kartoniert, DM 1,60

HEFT 23
Prof. Dr. Günther Jachmann, Köln
Der homerische Schiffskatalog und die Ilias
in Vorbereitung

HEFT 24
Prof. Dr. Theodor Klauser, Bonn
Die römischen Petrustraditionen im Lichte der neuen Ausgrabungen unter der Peterskirche
in Vorbereitung

HEFT 25
Prof. Dr. Hans Peters, Köln
Die Gewaltentrennung in moderner Sicht
1955, 48 Seiten, kartoniert, DM 3,10

HEFT 26
Prof. Dr. Fritz Schalk, Köln
Calderon und die Mythologie
in Vorbereitung

HEFT 27
Prof. Dr. Josef Kroll, Köln
Vom Leben geflügelter Worte
in Vorbereitung

WESTDEUTSCHER VERLAG · KÖLN UND OPLADEN

HEFT 28
Prof. Dr. Thomas Ohm, Münster
Die Religionen in Asien
1954, 50 Seiten, 4 Abb., kartoniert, DM 7,—

HEFT 29
Prof. Dr. Johann Leo Weisgerber, Bonn
Die Ordnung der Sprache im persönlichen und öffentlichen Leben
1955, 64 Seiten, kartoniert, DM 3,50

HEFT 30
Prof. Dr. Werner Caskel, Köln
Entdeckungen in Arabien
1954, 44 Seiten, kartoniert, DM 3,20

HEFT 31
Prof. Dr. Max Braubach, Bonn
Entstehung und Entwicklung der landesgeschichtlichen Bestrebungen und historischen Vereine im Rheinland
1955, 32 Seiten, kartoniert, DM 2.20

HEFT 32
Prof. Dr. Fritz Schalk, Köln
Somnium und verwandte Wörter in den romanischen Sprachen
1955, 48 Seiten, 3 Abb., kartoniert, DM 3,60

HEFT 33
Prof. Dr. Friedrich Dessauer, Frankfurt a. M.
Erbe und Zukunft des Abendlandes
in Vorbereitung

HEFT 34
Prof. Dr. Thomas Ohm, Münster
Ruhe und Frömmigkeit
1955, 128 Seiten, 30 Abb., kartoniert, DM 10,70

HEFT 35
Prof. Dr. Hermann Conrad, Bonn
Die mittelalterliche Besiedlung des deutschen Ostens und das Deutsche Recht
1955, 40 Seiten, kartoniert, DM 2,80

HEFT 36
Prof. Dr. Hans Sckommodau, Köln
Die religiösen Dichtungen Margaretes von Navarra
1955, 172 Seiten, kartoniert, DM 9,60

HEFT 37
Prof. Dr. Herbert von Einem, Bonn
Der Mainzer Kopf mit der Binde
1955, 88 Seiten, 40 Abb., kartoniert, DM 9,20

HEFT 38
Prof. Dr. Joseph Höffner, Münster
Statik und Dynamik in der scholastischen Wirtschaftsethik
1955, 48 Seiten, kartoniert, DM 2,85

HEFT 39
Prof. Dr. Fritz Schalk, Köln
Diderots Essai über Claudius und Nero
in Vorbereitung

HEFT 40
Prof. Dr. Gerhard Kegel, Köln
Probleme des internationalen Enteignungs- und Währungsrechts
in Vorbereitung

HEFT 41
Prof. Dr. Johann Leo Weisgerber, Bonn
Die Grenzen der Schrift — Der Kern der Rechtschreibreform
1955, 72 Seiten, kartoniert, DM 4,80

HEFT 42
Prof. Dr. Richard Alewyn, Köln
Von der Empfindsamkeit zur Romantik
in Vorbereitung

HEFT 43
Prof. Dr. Theodor Schieder, Köln
Die Probleme des Rapallo-Vertrages 1922
in Vorbereitung

HEFT 44
Prof. Dr. Andreas Rumpf, Köln
Stilphasen der spätantiken Kunst
in Vorbereitung

HEFT 45
Dr. Ulrich Luck, Münster
Kerygma und Tradition in der Hermeneutik Adolf Schlatters
1955, 136 Seiten, kartoniert, DM 9,—

HEFT 46
Prof. Dr. Walther Holtzmann, Rom
Das Deutsche Historische Institut in Rom
Prof. Dr. Graf Wolff Metternich, Rom
Die Bibliotheca Hertziana und der Palazzo Zuccari
1955, 68 Seiten, 7 Abb., kartoniert, DM 5,—

JAHRESFEIER 1955
Prof. Dr. Josef Pieper, Münster
Über den Philosophie-Begriff Platons
Prof. Dr. Walter Weizel, Bonn
Die Mathematik und die physikalische Realität
1955, 62 Seiten, kartoniert, DM 4,40

HEFT 47
Prof. Dr. Harry Westermann, Münster
Person und Persönlichkeit im Zivilrecht
in Vorbereitung

HEFT 48
Prof. Dr. Johann Leo Weisgerber, Bonn
Die Namen der Ubier
in Vorbereitung

HEFT 49
Prof. Dr. Friedrich Karl Schumann, Münster
Mythos und Technik
in Vorbereitung

HEFT 51
Prälat Prof. Dr. Dr. h. c. Georg Schreiber, Münster
Der Bergbau in Geschichte, Ethos und Sakralkultur
in Vorbereitung

HEFT 52
Prof. Dr. Hans J. Wolff, Münster
Die Rechtsgestalt der Universität
in Vorbereitung

HEFT 53
Prof. Dr. Heinrich Vogt, Bonn
Schadenersatzprobleme im Verhältnis von Haftungsgrund und Schaden
in Vorbereitung

HEFT 54
Prof. Dr. Max Braubach, Bonn
Der Einmarsch der deutschen Truppen in die entmilitarisierte Zone am Rhein im März 1936. Ein Beitrag zur Vorgeschichte des zweiten Weltkrieges
in Vorbereitung

HEFT 55
Prof. Dr. Herbert von Einem, Bonn
Die Menschwerdung Christi des Isenheimer Altars
in Vorbereitung

HEFT 56
Prof. Dr. E. J. Cohn, London
Der englische Gerichtstag
in Vorbereitung

WESTDEUTSCHER VERLAG · KÖLN UND OPLADEN

Berichtigung

Mit Wirkung vom 1. März 1956 wurden die Ladenpreise der natur- und geisteswissenschaftlichen Veröffentlichungen der Arbeitsgemeinschaft für Forschung des Landes Nordrhein-Westfalen um ca. 25 % ermäßigt.

If you have any concerns about our products,
you can contact us on
ProductSafety@springernature.com

In case Publisher is established outside the EU,
the EU authorized representative is:
**Springer Nature Customer Service Center GmbH
Europaplatz 3, 69115 Heidelberg, Germany**

Printed by Libri Plureos GmbH
in Hamburg, Germany